Photoakustische Absorptionsspektroskopie an hochtransparenten optischen Materialien

Photoakustische Absorptionsspektroskopie an hochtransparenten optischen Materialien

Dissertation zur Erlangung des Doktorgrades
der Technischen Fakultät der Albert-Ludwigs-Universität
Freiburg im Breisgau

vorgelegt von
Niklas Waasem

aus Bonn

August 2013

Bibliografische Information der Deutschen Nationalbibliothek
Die Deutsche Nationalbibliothek verzeichnet diese Publikation in der Deutschen Nationalbibliografie; detaillierte bibliografische Daten sind im Internet über http://dnb.d-nb.de abrufbar.
1. Aufl. - Göttingen : Cuvillier, 2013
Zugl.: Freiburg im Breisgau, Univ., Diss., 2013

978-3-95404-577-8

Nonnenstieg 8, 37075 Göttingen
Telefon: 0551-54724-0
Telefax: 0551-54724-21
www.cuvillier.de

1. Auflage, 2013
Gedruckt auf umweltfreundlichem, säurefreiem Papier aus nachhaltiger Forstwirtschaft.

978-3-95404-577-8

Selbstständigkeitserklärung

Ich erkläre hiermit, dass ich die vorliegende Arbeit ohne unzulässige Hilfe Dritter und ohne Benutzung anderer als der angegebenen Hilfsmittel angefertigt habe. Die aus anderen Quellen direkt oder indirekt übernommenen Daten und Konzepte sind unter Angabe der Quelle gekennzeichnet. Insbesondere habe ich hierfür nicht die entgeltliche Hilfe von Vermittlungs- oder Beratungsdiensten (Promotionsberaterinnen oder Promotionsberater oder anderer Personen) in Anspruch genommen. Niemand hat von mir unmittelbar oder mittelbar geldwerte Leistungen für Arbeiten erhalten, die im Zusammenhang mit dem Inhalt der vorgelegten Dissertation stehen. Die Arbeit wurde bisher weder im In- noch im Ausland in gleicher oder ähnlicher Form einer anderen Prüfungsbehörde vorgelegt.

Niklas Waasem,
Freiburg, 13. August 2013

Dekan:	Prof. Dr. Yiannos Manoli
Gutachter:	Prof. Dr. Karsten Buse
	Prof. Dr. Ulrich Schwarz
Beisitzer:	Prof. Dr. Ulrike Wallrabe
	Prof. Dr. Leonhard Reindl

Inhaltsverzeichnis

1 Einleitung 1

2 Grundlagen 5

2.1 Wechselwirkung zwischen Licht und Materie 5

2.1.1 Reflexion, Streuung und Absorption 5

2.1.2 Fundamentale Grenzen minimaler Absorption 7

2.1.3 Defekte und Verunreinigungen 10

2.1.4 Nichtlineare Absorption 11

2.2 Photoakustische Spektroskopie 13

2.2.1 Prinzip, Geschichte und Anwendungsbereiche 13

2.2.2 Absorptionsdetektion in Festkörpern 14

2.2.3 Akustische Wellen in Festkörpern 16

2.2.4 Kalibrierung 19

2.2.5 Konkurrierende Effekte 21

2.3 Andere Absorptionsmessverfahren 26

2.3.1 Transmissionsspektrometer 26

2.3.2 Laserkalorimetrie 28

2.3.3 Detektion thermischer Linsen 30

3 Aufbau photoakustisches Spektrometer 33

3.1 Lichtquelle 33

3.1.1 Nanosekundenpulslaser 33

3.1.2 Optisch parametrischer Oszillator 34

3.1.3 Frequenzverdopplereinheit 34

3.2 Akustische Detektion 35

3.2.1 Ankopplung . . . 35
3.2.2 Piezosensor . . . 36
3.2.3 Signalfilterung und Auswertung . . . 36
3.2.4 Streulicht . . . 38
3.3 Optischer Aufbau . . . 39
3.3.1 Experimente bei einzelnen Wellenlängen . . . 39
3.3.2 Photoakustisches Spektrometer . . . 39
3.3.3 Optische Messung photoakustisch erzeugter Wellen . . . 40

4 Charakterisierung und Kalibrierung **43**
4.1 Verwendete Proben . . . 43
4.2 Lichtquelle . . . 44
4.3 Photoakustische Messungen . . . 46
4.3.1 Eigenschaften der akustischen Wellen . . . 46
4.3.2 Detektionssystem . . . 48
4.3.3 Einfluss der Strahlgeometrie . . . 50
4.3.4 Einfluss der Probengeometrie und Ankopplung . . . 52
4.4 Kalibrierung . . . 53
4.4.1 Bekannte Absorptionsbanden . . . 53
4.4.2 Referenzproben . . . 56
4.4.3 Zweiphotonenabsorption . . . 57

5 Messergebnisse **61**
5.1 Photoakustische Spektren . . . 61
5.1.1 Lithiumniobat . . . 61
5.1.2 Lithiumtriborat . . . 63
5.1.3 Alpha-Bariumborat . . . 65
5.1.4 Kalziumfluorid . . . 66
5.2 Nichtlineare Absorption . . . 68
5.2.1 Zweiphotonenabsorption . . . 69
5.2.2 Induzierte Absorption . . . 70
5.2.3 Ausbleichen . . . 73

6 Diskussion **75**
6.1 Photoakustisches Spektrometer . . . 75
6.1.1 Detektion photoakustischer Wellen . . . 75

6.1.2 Eigenschaften der photoakustischen Wellen 77
6.1.3 Kalibrierung 79
6.1.4 Nachweisgrenze 82
6.1.5 Konkurrierende Effekte 83
6.1.6 Vergleich mit anderen Absorptionsmessverfahren 85
6.2 Untersuchte Materialien 88
6.2.1 Lithiumniobat 88
6.2.2 Lithiumtriborat 91
6.2.3 Alpha-Bariumborat 95
6.2.4 Kalziumfluorid 96
6.3 Ausblick 98
6.3.1 Methode 98
6.3.2 Materialien 99

7 Zusammenfassung **101**

Literaturverzeichnis **103**

Eigene Veröffentlichungen **117**

Danksagung **119**

1 Kapitel Einleitung

Technischer Fortschritt basiert oft auf der Entwicklung neuer oder verbesserter Werkstoffe, deren Eigenschaften die Einsatzmöglichkeiten bestimmen. Die Werkstoffe der Optik sind optische Materialien, wie beispielsweise Gläser, Kristalle, Polymere, oder Metamaterialien. Sie werden als Volumenmaterialien und auch als Schichten verwendet. Aus ihnen werden Komponenten gefertigt, die es ermöglichen, Licht zu erzeugen, zu formen, oder über optisch nichtlineare Prozesse in der Wellenlänge zu verändern [1–6]. Seit der Erfindung des Lasers lässt sich so – in Strahlprofil, Farbe und Intensität – beinahe beliebig maßgeschneidertes Licht erzeugen, das im Laufe der letzten Jahrzehnte die Realisierung tausender Anwendungen ermöglichte [7, 8]. In bestimmten Fällen wird Licht besonders hoher Intensität benötigt, beispielsweise beim Laserschweißen oder -Schneiden von Metallteilen [9] oder zum Pumpen optisch nichtlinearer Prozesse [2, 6, 10]. Letztere eröffnen ein weites und wachsendes Anwendungsfeld, beispielsweise werden Farbstoff- und Gaslaser, die sichtbares oder ultraviolettes Licht emittieren, vermehrt durch wirtschaftlichere Festkörper- oder Diodenlaser ersetzt, deren meist infrarote Strahlung über optisch nichtlineare Prozesse in Licht passender Wellenlänge konvertiert wird [11–15].

Der große Bedarf an intensiven Strahlquellen führte zur Entwicklung immer stärkerer Laser, bis an die Grenzen der Leistungsfähigkeit der verwendeten optischen Komponenten. Der limitierende Faktor ist meist die Qualität verfügbarer optischer Materialien. Für Hochleistungslaseranwendungen mit Lichtleistungen von mehreren Watt oder gar Kilowatt ist die Transmissivität bzw. der Absorptionskoeffizient der verwendeten optischen Materialien eine entscheidende Kenngröße. Sie bestimmt die Menge an Lichtleistung, die beim Durchleuchten in der optischen Komponente verbleibt. Absorption von Licht führt unter anderem zur Erwärmung und damit, über den thermooptischen Effekt, zu einer Veränderung der optischen Eigenschaften. Hierdurch kann es zur Fehlfunktion der optischen Komponente kommen, beispielsweise bei der Fokussierung des Laserschneidestrahls zu einer Verschiebung der Fokusposition [9] oder bei der Frequenzkonvertierung von Laserlicht mit optisch nichtlinearen Kristallen zur Phasenfehlanpassung. Lichtabsorption kann außerdem zu nachhaltigen Schäden im optischen Material führen, wie zur Farbzentrenbildung [16–18] oder im Extremfall zur Zerstörung der optischen Komponente [19–21].

Zur Charakterisierung und Verbesserung optischer Materialien wurden hochempfindliche Messverfahren entwickelt, welche die physikalischen Eigenschaften der optischen Materialien genau vermessen [22]. Eine exakte Bestimmung der Absorptionskoeffizienten ist entscheidend bei der Materialauswahl für Hochleistungsanwendungen: So lassen sich auf der Anwenderseite die besten Zulieferer oder, für sehr kritische Anwendungen, sogar die besten Chargen ermitteln. Für die Hersteller bieten empfindliche Absorptionsmessungen die Möglichkeit, den Herstellungsprozess für optische Materialien zu verbessern, oder die Einsatzmöglichkeiten neuer Materialien zu bewerten [23]. Die exakte Bestimmung der Absorptionskoeffizienten ist daher von entscheidender Bedeutung für die zukünftige Entwicklung verbesserter optischer Komponenten, die einen stetigen Fortschritt in der Hochleistungslasertechnik ermöglichen.

Standardmessverfahren zur Bestimmung von Absorptionskoeffizienten beruhen auf der Durchleuchtung optischer Komponenten und der Messung des Transmissionsgrades. Bei sehr transparenten antireflexbeschichteten Materialien liegt dieser bei knapp 100%. Wird weniger als 1% des eingestrahlten Lichts beim Durchleuchten der Probe absorbiert, so dominieren oft andere Lichtverlustmechanismen die Extinktion, wie beispielsweise die Fresnel-Reflexion an den Grenzschichten. In diesem Fall ist eine Trennung der Extinktionskanäle schwierig und folglich die Bestimmung absoluter Absorptionskoeffizienten nicht mehr mit der nötigen Präzision möglich. Um zuverlässig kleine Absorptionskoeffizienten zu messen, werden für diese Verfahren sehr große Proben benötigt, die eine lange Lichtwechselwirkungsstrecke im Material zulassen [23–25]. Dies stellt in vielen Fällen keine Lösung dar, weil einige optische Materialien nicht in hinreichender Größe hergestellt werden können, bzw. die Produktion nicht wirtschaftlich wäre. Zudem ist mit diesen Verfahren keine Trennung zwischen Absorption und Streuung möglich.

Bei sehr transparenten optischen Materialien werden Nachweisempfindlichkeiten zur Messung des Lambert-Beer-Absorptionskoeffizienten im Bereich 10^{-6} cm^{-1} benötigt [26, 27]. Aus diesem Grund wurden Spezialverfahren entwickelt, die empfindliche Absorptionsmessungen in Proben üblicher Geometrie erlauben. Diese Verfahren detektieren die Absorption indirekt, also über die Wirkung des absorbierten Lichts. Das ISO-zertifizierte Standardverfahren ist die Laserkalorimetrie [28, 29]. Bei dieser wird eine Temperaturänderung durch Lichtabsorption mit einem am Probenrand angebrachten Temperaturfühler gemessen. Andere Verfahren beruhen auf der optischen Detektion thermischer Linsen, die sich aufgrund des thermooptischen Effekts im erwärmten Bereich ausbilden [17, 26, 30, 31].

Die hier vorgelegte Arbeit beschäftigt sich mit der mechanischen Detektion kleiner Absorptionskoeffizienten über den photoakustischen Effekt: Erwärmung durch Lichtabsorption führt aufgrund thermischer Ausdehnung zu einer Druckerhöhung am Rande des erwärmten Volumens. In Folge einer gepulsten Beleuchtung entstehen so Schallwellen, deren Amplitude proportional zur absorbierten Lichtenergie ist. Ein Körperschallmikrofon detektiert die photoakustischen Wellen [32–34].

Was sind Vorteile der photoakustischen Methode? Alle beschriebenen Spezialverfahren benötigen intensive Anregungsstrahlung, da die Nachweisempfindlichkeit reziprok mit der Anregungsleistung skaliert [26, 29–31, 34]. Die hierfür benötigten Anregungslaser sind teuer und, wenn zusätzlich Dauerstrichlicht benötigt wird, nur für wenige Laserwellenlängen verfügbar. Eine hervorragende Eigenschaft photoakustischer Verfahren ist, dass Nanosekundenpulslaser als Anregungsquelle verwendet werden können. Diese bieten zwei entscheidende Vorteile: Sie sind einerseits sehr wirtschaftlich – die Anschaffungskosten sind im Vergleich zu denen anderer Hochleistungslaser gering – andererseits begünstigen die hohen Intensitäten der Nanosekundenlichtpulse optisch nichtlineare Prozesse. So lässt sich die Emissionswellenlänge verhältnismäßig einfach mit Hilfe optisch parametrischer Oszillatoren über einen weiten Spektralbereich durchstimmen [12]. Solche Systeme sind seit einigen Jahren für Nanosekundenpulslaser schlüsselfertig erhältlich.

In dieser Arbeit wird ein photoakustisches Spektrometer vorgestellt, das die empfindliche photoakustische Detektion kleiner Absorptionskoeffizienten in Festkörpern mit der weiten Durchstimmbarkeit eines optisch parametrischen Oszillators als Anregungsstrahlquelle kombiniert. So können Absorptionskoeffizienten nicht nur bei wenigen Laserwellenlängen gemessen werden, sondern kontinuierlich vom ultravioletten bis in den mittleren infraroten Spektralbereich [27]. Im Vergleich zu Messungen bei wenigen Laserwellenlängen ermöglicht dies, die Ursachen verschiedener Absorptionsbanden zu identifizieren, beispielsweise Verunreinigungen oder Kristalldefekte. Hieraus können wichtige Hinweise für eine Optimierung des Herstellungsprozesses gezogen werden. Zugleich erlaubt das Messverfahren die Bestimmung und das bessere Verständnis fundamentaler Absorptionsgrenzen verschiedener optischer Materialien.

Bei den Untersuchungen mit dem photoakustischen Spektrometer werden zwei Aspekte getrennt betrachtet: Zum einen wird das neu entwickelte Spektrometer – das auf der Zusammenführung des bekannten photoakustischen Messprinzips mit verbesserten Filteralgorithmen und einem modernen durchstimmbaren Nanosekundenlasersystems beruht – beschrieben, getestet und charakterisiert. Zum anderen werden gewonnene Untersuchungsergebnisse an einigen wichtigen optischen Materialien vorgestellt und diskutiert. Hierzu zählen Lithiumtriboratkristalle, die unter anderem als optisch nichtlineares Medium zur Erzeugung der zweiten Harmonischen von infrarotem Laserlicht eingesetzt werden [11, 35]. Lithiumtriboratkristalle vier verschiedener Zulieferer werden untersucht und verglichen. Ein weiteres wichtiges nichtlineares optisches Material für die Frequenzkonversion von Laserlicht, das im Rahmen dieser Arbeit analysiert wird, ist kristallines Lithiumniobat [2, 4, 5, 10, 13]. Zudem werden die Kristalle Alpha-Bariumborat, das wegen seiner großen Doppelbrechung und gleichzeitig hohen Transparenz ideal zur Herstellung von Polarisatoren geeignet ist, und Kalziumfluorid, das neben Quarz eines der wichtigsten hochtransparenten optischen Materialien ist, untersucht.

Neben den linearen Absorptionseigenschaften behandelt diese Arbeit auch die Beobachtung nichtlinearer Absorption, sowie transienter und dauerhafter Absorptionsänderungen. Dabei werden optisch aktive Verunreinigungen und Defekte identifiziert, die zu erhöhter Absorption führen und folglich die Leistungsfähigkeit der optischen Materialien einschränken. Darüber hinaus werden die Koeffizienten fundamentaler Transparenzgrenzen, wie der Mehrphononenabsorptionskante [36], von Lithiumtriborat und Alpha-Bariumborat bestimmt.

2 Kapitel Grundlagen

In diesem Kapitel werden die Grundlagen und einige theoretische Überlegungen dargestellt, auf denen diese Arbeit aufbaut. Es gliedert sich in drei Unterkapitel: Das Erste erläurtert einige physikalische Effekte, die auf der Wechselwirkung zwischen Licht und Materie beruhen. Besonderes Augenmerk wird hierbei auf die Lichtabsorption in Festkörpern gerichtet. Das zweite Unterkapitel behandelt den photoakustischen Effekt, der die Grundlage der verwendeten Absorptionsmessmethode ist. Eine Zusammenstellung und Beschreibung anderer Absorptionsmessverfahren schließt dieses Kapitel ab.

2.1 Wechselwirkung zwischen Licht und Materie

Die Wechselwirkung zwischen elektromagnetischen Wellen und Materie wird allgemein durch die Maxwell-Gleichung [8]

$$\vec{D} = \epsilon_r \epsilon_0 \vec{E}_{el} \qquad (2.1)$$

beschrieben, mit der dielektrischen Verschiebung $\vec{D}$, dem elektrischen Feld $\vec{E}_{el}$ und der Vakuumimpedanz ϵ_0. Die Wechselwirkung mit Materie ist durch die relative Permittivität ϵ_r gegeben. Diese ist im Allgemeinen ein komplexwertiger Tensor zweiter Stufe, der für den Fall optisch isotroper Medien durch einen Skalar ersetzt werden kann.

Die Tensoreigenschaft von ϵ_r ist bedeutsam für die betrachteten Wechselwirkungen zwischen Licht und Materie. Folglich wird in dieser Arbeit zwischen verschiedenen Lichtpolarisationen, bezogen auf das untersuchte optische Material, unterschieden. In uniaxialen Kristallen sind diese ordentlich polarisiertes Licht (o-pol) und außerordentlich polarisiertes Licht (a-pol), siehe [8]. Bei biaxialen Kristallen wird die Polarisation des Lichtfeldes entlang der drei kristallographischen Achsen unterschieden. Die Polarisation wird jeweils durch die Kristallachse beschrieben, entlang derer die elektrische Komponente des Lichtfeldes schwingt.

2.1.1 Reflexion, Streuung und Absorption

Aufgrund der Wechselwirkung zwischen Licht und Materie geht ein Teil des Lichts beim Durchgang durch ein optisches Medium verloren. Die Verlustmechanismen, die zur Lichtextinktion führen, sind Reflexion, Streuung und Absorption, sie sind in Abb. 2.1 schematisch dargestellt. Die Fresnel-Reflexion erfolgt beim Ein- und Austritt des Lichts an den Grenzflächen zwischen zwei Medien mit den Brechungsindizes n_1 und n. Der Reflexionsgrad ergibt sich bei senkrechtem Lichteinfall zu [8]

$$R_{\mathrm{re}} = \left(\frac{n_1 - n}{n_1 + n}\right)^2, \tag{2.2}$$

mit dem Brechungsindex n. Unter der Annahme, dass eines der Medien Luft mit $n_1 \approx 1$ sei, ergibt sich die maximale Transmission durch die Grenzfläche zu

$$T_{\mathrm{max}} = \frac{4n}{(n+1)^2}. \tag{2.3}$$

Neben der Fresnel-Reflexion ist Streuung ein weiterer Verlustmechanismus, der sowohl an den Oberflächen als auch beim Durchgang des Lichts durch das Medium zur Extinktion beiträgt. Lichtstreuung lässt sich in elastische und inelastische Streuung unterteilen. Bei der elastischen Streuung bleibt die Energie des gestreuten Photons erhalten; sie lässt sich anhand der Größe der Streuzentren charakterisieren: Ist diese kleiner als die Wellenlänge λ, so tritt Rayleigh-Streuung auf. Diese nimmt mit kürzerer Wellenlänge stark zu, die Streuungsintensität ist proportional zu λ^{-4}. Ist die Größe der Streuzentren im Bereich der Wellenlänge, so dominiert die Mie-Streuung [8, 37, 38].

Für die verwendeten Proben und Wellenlängen ist Rayleigh-Streuung der dominierende elastische Streuprozess. Rayleigh-Streuung führt zwar zu Lichtverlust beim Durchgang, sie trägt also zur Extinktion bei, jedoch führt sie zu keinem Energieeintrag im Medium. Inelastische Streuprozesse sind Raman-, Brillouin- und Compton-Streuung, diese führen zum Eintrag eines Teils der gestreuten Lichtenergie, sie tragen folglich zum Teil zur Lichtabsorption und damit zur Bildung einer photoakustischen Welle bei, siehe Kap. 2.2.1. Die genannten inelastische Streuprozesse besitzen jedoch nur einen geringen Einfluss auf die in dieser Arbeit vorgestellten photoakustischen Messungen: Die Streuungsintensität der spontanen

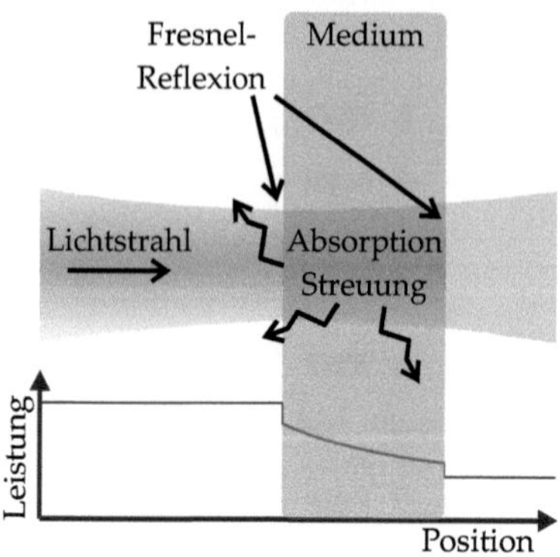

Abbildung 2.1: *Lichtverlustmechanismen: Beim Eintritt von Licht in ein Medium findet sowohl Fresnel-Reflexion als auch Oberflächenstreuung und -Absorption statt. Beim Durchgang durch das Medium wird Licht im Volumen absorbiert und gestreut. Beim Austritt erfolgen die gleichen Verlustmechanismen wie beim Eintritt.*

Raman-Streuung besitzt die gleiche Wellenlängenabhängigkeit wie die Rayleigh-Streuung, sie ist proportional zu λ^{-4} [39]. Der Extinktionskoeffizient κ aufgrund der Ramanstreuung ist dabei beispielsweise für Lithiumniobatkristalle etwa eine Größenordnung kleiner $\left(\kappa_{\text{Raman}} \approx 5 \times 10^7\ \text{nm}^4/\text{cm}\ /\lambda^4\right)$ [39] als für die Rayleigh-Streuung $\left(\kappa_{\text{Rayleigh}} \approx 10^9\ \text{nm}^4/\text{cm}\ /\lambda^4\right)$ [40, 41]. Weiterhin ist zu beachten, dass bei der Raman-Streuung von Licht im sichtbaren Spektralbereich nur etwa ein Zehntel der gestreuten Lichtenergie als Wärme in der Probe deponiert wird; nur dieser Anteil ist relevant für die Erzeugung photoakustischer Wellen, siehe Kap. 2.2.1. Bei der Brillouin-Streuung ist dieser Anteil noch geringer als bei der Raman-Streuung; für Lithiumniobatkristalle ist der Energieeintrag durch Brillouin-Streuung etwa drei Größenordnungen kleiner als bei der Raman-Streuung [42, 43]. Compton-Streuung ist nur für Wellenlängen im Röntgen-Bereich zu berücksichtigen [38], dieser liegt außerhalb des mit dem photoakustischen Spektrometer zugänglichen Spektralbereichs.

Der Fokus dieser Arbeit liegt auf der Absorption von Licht. Ähnlich wie die Streuung tritt sie sowohl an den Grenzflächen auf – Oberflächenabsorption – als auch im durchleuchteten Medium. Die Menge des im Volumen absorbierten Lichts hängt von der Weglänge im Medium l ab, sie wird – bei Vernachlässigung der Lichtstreuung – durch das Lambert-Beer-Gesetz beschrieben [8]

$$P_{\text{trans}} = P_{\text{ein}} e^{-\alpha l} \qquad \text{und} \qquad P_{\text{abs}} = P_{\text{ein}} \left(1 - e^{-\alpha l}\right), \tag{2.4}$$

wobei P_{ein} die eingestrahlte, P_{trans} die transmittierte und P_{abs} die im Medium absorbierte Lichtleistung bezeichnet. Das Lambert-Beersche-Gesetz ist die Definitionsgleichung des Absorptionskoeffizienten α. Der Verlauf ist schematisch in Abb. 2.1 dargestellt. In den folgenden Kapiteln werden die Prozesse genauer beschrieben, die zur Lichtabsorption führen. So werden die fundamentalen Transparenzgrenzen optischer Materialien beschrieben und verschiedene Effekte dargestellt, die zu einer Erhöhung des Absorptionskoeffizienten α führen können.

2.1.2 Fundamentale Grenzen minimaler Absorption

Dielektrische Materialien besitzen in der Regel einen Wellenlängenbereich, in dem sie nahezu keine Lichtabsorption zeigen. Dieser Bereich wird „Transparenzfenster" bezeichnet. In Abbildung 2.2 ist ein typisches Transparenzfenster eines 1-mm-dicken Yttrium-Aluminium-Granat-Kristalls (YAG) dargestellt, gemessen mit einem Gitterspektrometer im Wellenlängenbereich 200 – 2500 nm und einem FTIR-Spektrometer im Bereich 2500 – 7000 nm. Im Transparenzfenster kommt es zu Absorptionsbanden bei einzelnen Wellenlängen durch eine Dotierung mit 15% Ytterbium (Yb). Die Extinktion von ca. 15% im Transparenzfenster wird durch die Fresnel-Reflexion an den unbeschichteten Oberflächen verursacht, Kap. 2.1.1. Das Rauschen im Wellenlängenbereich oberhalb 2500 nm ist ist technischer Natur.

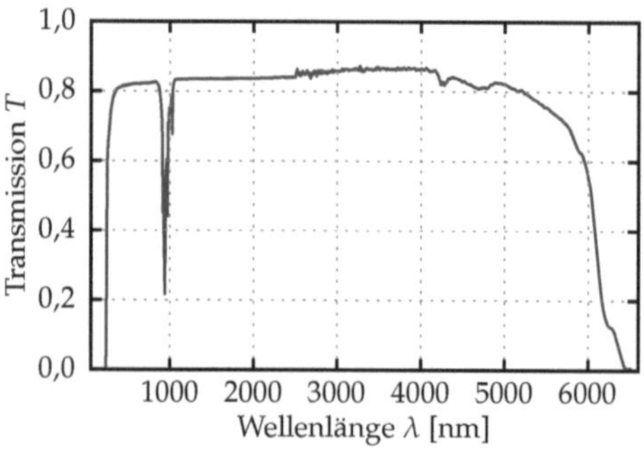

Abbildung 2.2: *Transmissionsspektrum eines 1-mm-dicken YAG-Kristalls gemessen mit einem Gitterspektrometer im Wellenlängenbereich 200 – 2500 nm und einem FTIR-Spektrometer im Bereich oberhalb 2500 nm. Der Kristall ist zwischen 200 – 6000 nm lichtdurchlässig. Zwischen 800 und 1050 nm gibt es Absorptionsbanden, die durch eine Dotierung mit 15% Ytterbium verursacht werden.*

Bandanregungen

Das Transparenzfenster ist zu kurzen Wellenlängen hin durch die Bandkante beschränkt. Diese entsteht durch die Absorption von kurzwelligem Licht, bei dem die Energie der Photonen ausreicht, um ein Elektron aus dem Valenzband ins Leitungsband anzuregen, siehe Abb. 2.3. Die Lage der Bandkante wird durch die Größe der Bandlücke bestimmt, ihr Verlauf ist jedoch nicht scharf: Mit steigender Photonenenergie vergrößert sich einerseits die Menge der Valenzbandelektronen, die durch Absorption des Photons das verbotene Energieband überwinden können, andererseits vergrößert sich die Anzahl der erreichbaren erlaubten Energiezustände im Leitungsband („Zustandsdichte") und damit der Phasenraum für die Anregung der Valenzbandelektronen. Dies führt dazu, dass die Übergangswahrscheinlichkeit für eine Bandanregung exponentiell mit der Photonenergie steigt. Der Verlauf wird durch

$$\alpha(\lambda) = \alpha_{\mathrm{UV}} \times 10^{\lambda_{\mathrm{UV}}/\lambda} \tag{2.5}$$

beschrieben, wobei λ_{UV} und α_{UV} materialabhängige Koeffizienten sind (siehe „Urbach tail" in [44–47]). Dies hat zur Folge, dass Bandanregungen auch für längere Wellenlängen jenseits der Bandkante eine nicht verschwindende Absorptionswahrscheinlichkeit besitzen. Hieraus ergibt sich ein Absorptionsuntergrund, der die fundamentale Transparenzgrenze für Wellenlängen nahe der Bandkante bestimmt. Es ist zu beachten, dass die Extinktion für Wellenlängen λ deutlich oberhalb der Bandkante durch die Rayleigh-Streuung dominiert wird, da deren Streuintensität nur mit λ^{-4} abnimmt.

Mehrphononenanregungen

Das Transparenzfenster aller Materialien wird für längere Wellenlängen durch die Mehrphononenabsorptionskante begrenzt. Bei der Mehrphononenabsorption wird ein Photon absorbiert, indem es seine Energie zur Erzeugung mehrerer Phononen ab-

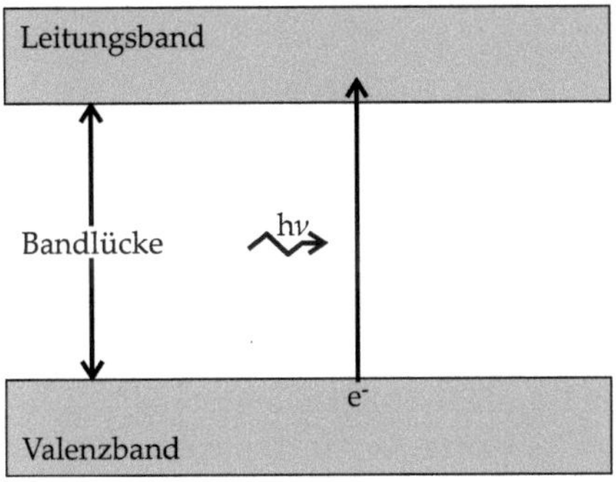

Abbildung 2.3: *Bei einer Bandanregung wird ein Elektron aus dem Valenzband durch Absorption eines Photons ins Leitungsband angeregt. Die Größe der Bandlücke bestimmt somit die Lage der Bandkante und damit die Grenze des Transparenzfensters hin zu kurzen Wellenlängen.*

gibt. Die Gesamtenergie der erzeugten Phononen muss der Photonenergie entsprechen. Die Wahrscheinlichkeit des Prozesses sinkt mit der Anzahl der involvierten Phononen, die nötig sind, um die gesamte Energie des Photons aufzunehmen. Die Übergangswahrscheinlichkeit – und damit der Absorptionskoeffizient α – sinkt aus diesem Grund mit der Photonenergie, das generelle Absorptionsverhalten lässt sich durch einen exponentiellen Verlauf nähern

$$\alpha = \alpha_{IR} \exp\left(-\lambda_{IR}/\lambda\right), \tag{2.6}$$

wobei α_{IR} und λ_{IR} materialabhängige Koeffizienten sind [36, 46]. Die Mehrphononenabsorptionskante von Yttrium-Aluminium-Granat ist in Abb. 2.2 im Wellenlängenbereich ab 5000 nm zu sehen. Aufgrund ihres exponentiellen Verhaltens reicht die Mehrphononenabsorptionskante ins Transparenzfenster hinein und bestimmt für längere Wellenlängen die Grenze minimaler Absorption. Ein schematischer Verlauf der fundamentalen Transparenzgrenze – gegeben durch Bandabsorption, Mehrphononenabsorption und Rayleigh-Streuung – ist in Abb. 2.4 dargestellt.

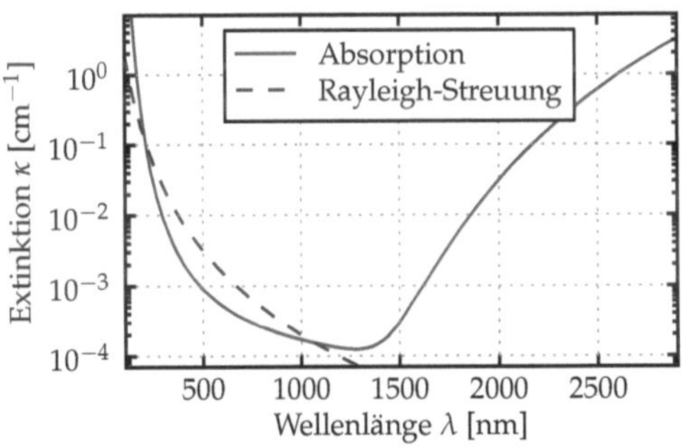

Abbildung 2.4: *Fundamentale Transparenzgrenze: Schematischer Verlauf der Bandkante und der Mehrphononenabsorption, hier mit λ_{UV} = 730 nm und α_{UV} = $10^{-4,5}$ cm^{-1} (Werte für Saphir aus [44]), λ_{IR} = 30000 nm und α_{IR} = 10^5 cm^{-1}. Die minimale Extinktion im Transparenzfenster ist häufig durch Rayleigh-Streuung begrenzt, hier ebenfalls schematisch eingezeichnet.*

2.1.3 Defekte und Verunreinigungen

Sowohl Verunreinigungen durch Fremdatome als auch Kristalldefekte können zu einer Erhöhung des Absorptionskoeffizienten führen. Dies geschieht durch zusätzliche erlaubte elektronische Energieniveaus, die diese innerhalb der Bandlücke für Elektronen bilden, Abb. 2.5. Elektronen können durch Absorption eines Photons mit passender Energie zu höheren Energieniveaus angeregt werden. Hierdurch entstehen Absorptionsbanden, die anhand ihres spektralen Fingerabdrucks einer gewissen Sorte von Defekten oder Verunreinigungen zugeordnet werden können. Im Transmissionsspektrum des YAG-Kristalls in Abb. 2.2 sind beispielsweise starke Absorptionsbanden im Wellenlängenbereich 800 – 1050 nm zu sehen, die durch die Anregung interner Übergänge der Ytterbium-Dotierung zu Stande kommen. Defekte und Verunreinigungen können zudem eine Verschiebung der Bandkante hervorrufen [48, 49].

Elektronen können außerdem thermisch in höherliegende Energieniveaus angeregt werden. Hier ist das Franck-Condon-Prinzip zu beachten, welches besagt, dass die zur Anregung benötigte Photonenergie in der Regel größer ist als die thermische Aktivierungsenergie [38, 50]. Aus der spektralen Position einer Absorptionsbande lässt sich daher die thermische Aktivierungsenergie nicht direkt bestimmen.

Die angeregten Elektronen können die gewonnene Energie entweder über die Erzeugung von Phononen abgeben, dies führt zu einem Wärmeeintrag, oder bei der Rekombination in einen energetisch günstigeren Zustand ein Photon emittieren, dieser Effekt wird Lumineszenz genannt. Die mittlere Lebenszeit der Elektronen in den angeregten Zuständen variiert zwischen wenigen Femtosekunden [51] und mehreren Minuten [52].

Typische Verunreinigungen

Übergangsmetalle sind typische Verunreinigungen vieler optischer Materialien, beispielsweise von Lithiumniobat [53, 54]. Sie führen in der Regel zu breiten Absorptionsbanden vom ultravioletten (UV) über den sichtbaren (VIS) bis hin zum infraro-

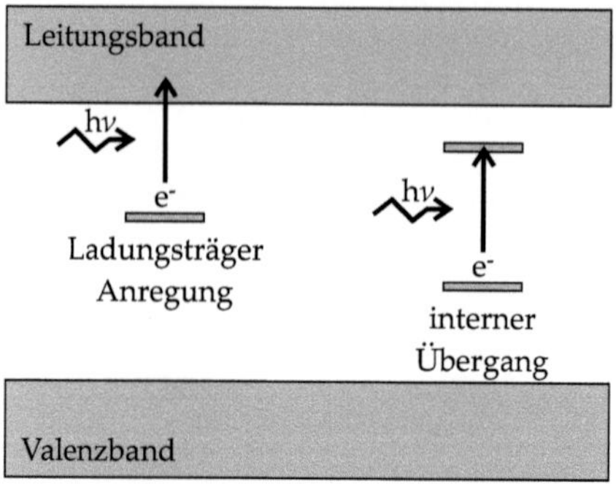

Abbildung 2.5: *Defekte oder Verunreinigungen können zu Energieniveaus innerhalb der Bandlücke führen. Besitzen die Defekte oder Verunreinigungen mehrere mögliche Valenzzustände, so können Elektronen aus diesen in höherenergetische Niveaus oder ins Leitungsband angeregt werden (links). Defekte und Verunreinigungen können zudem mehrere Energieniveaus besitzen, zwischen denen Elektronen an- und abgeregt werden können (rechts).*

ten (IR) Spektralbereich [18, 25, 55–57]. In flouridischen Kristallen finden sich häufig Atome seltener Erden, die unter UV-Beleuchtung zu Lumineszenz führen [21, 58].

Einige Verunreinigungen besitzen mehrere mögliche Valenzzustände, sie dienen als Quellen oder Fallen für photoaktive Elektronen. Die möglichen Valenzzustände zeigen in der Regel unterschiedliche Absorptionseigenschaften, so kann beispielsweise das Absorptionsverhalten von Eisenverunreinigungen in Lithiumniobatkristallen durch thermische Oxidation oder Reduktion verändert werden [59, 60], da diese Behandlung das Fe^{2+} / Fe^{3+}-Konzentrationsverhältnis ändert.

Wasserstoff (H) ist eine weitere Verunreinigung, die in vielen Kristallen und Gläsern zu finden ist. In Oxiden bildet er in der Regel OH^--Gruppen, deren verschiedene Schwingungszustände sich mit Licht anregen lassen. Dies führt bei vielen Materialien zu Absorptionsbanden im infraroten Spektralbereich. Die prominenteste OH^--Absorptionsbande liegt bei ca. 2800 nm, je nach Wirtskristall ist sie um einige 10 – 100 nm verschoben. Sie kommt durch die Anregung einer Streck-Stauch-Schwingung der OH^--Bindung zu Stande. Diese Bindung stellt in erster Näherung ein harmonisches Potential dar, jedoch weicht dieses leicht von der Parabelform ab. Hierdurch gelten die quantenmechanischen Auswahlregeln, nach denen nur Übergänge zwischen benachbarten Schwingungsniveaus möglich sind, nicht streng, und eine optische Anregung höherer Schwingungszustände ist möglich [61]. Weitere OH^--Absorptionsbanden bei kürzeren Wellenlängen sind die Folge. Durch die Abweichung des Potentials von der Parabelform sind die Schwingungsniveauenergien nicht äquidistant: Beispielsweise ist die Zentralwellenlänge der fundamentalen OH^--Absorptionsbande in $LiNbO_3$ bei 2871 nm [23], während der erste Oberton zu einer Absorptionsbande bei 1475 nm führt [61–63]. Eine Dotierung der Kristalle kann eine Verschiebung der OH^--Absorptionsbanden zur Folge haben, so sind diese in magnesiumdotierten $LiNbO_3$-Kristallen im Vergleich zu undotierten Kristallen zu kürzeren Wellenlängen verschoben [63].

Wasserstoff führt bei vielen Kristallen zudem zu einer Verschiebung der Bandkante hin zu längeren Wellenlängen, beispielsweise bei Quarz [49]. Für Anwendungen mit ultraviolettem Licht, wie der Lithographie, stört diese Verschiebung. Quarz kann durch eine nachträgliche Behandlung getrocknet werden, wobei sich jedoch Atome der Trocknungsmittel absetzen. Dieses hat wiederum zur Folge, dass andere Absorptionsbanden auftauchen, beispielsweise führt eine Verunreinigung mit Chlor, welches zur Trocknung von Quarz eingesetzt wird, zu erhöhter Absorption bei der Laserwellenlänge 1064 nm. So muss je nach Anwendung ein Kompromiss aus Trocknung und Reinheit des optischen Materials gefunden werden.

2.1.4 Nichtlineare Absorption

Die bisher behandelten Prozesse, die Lichtabsorption bewirken, sind für jedes Photon einer bestimmten Wellenlänge gleich wahrscheinlich. Die Absorptionswahrscheinlichkeit ist unabhängig von der Lichtintensität und der Belichtungsvorgeschichte. Führt die simultane Anwesenheit anderer Photonen oder eine vorherige

Beleuchtung des Materials zu einer veränderten Absorptionswahrscheinlichkeit, so spricht man von nichtlinearer Absorption.

Zweiphotonenabsorption

Reicht die Energie eines Photons nicht aus, ein Elektron in ein höheres Energieniveau anzuregen, so kann dieses durch das Elektron zunächst nicht absorbiert werden. Nichtsdestoweniger besteht die Möglichkeit, dass zwei – oder allgemein mehrere – Photonen gemeinsam die nötige Anregungsenergie aufbringen und absorbiert werden. Dieser Prozess wird Zweiphotonenabsorption (ZPA) – oder allgemein n- oder Mehrphotonenabsorption – genannt, er ist schematisch in Abb. 2.6 dargestellt [8, 64, 65]. Die Wahrscheinlichkeit für diesen Prozess ist intensitätsabhängig, allgemein lässt sich der effektive Absorptionskoeffizient folgendermaßen darstellen:

$$\alpha_{\mathrm{eff}}(I) = \alpha + \beta I + \beta_3 I^2 + \ldots + \beta_{\mathrm{n}} I^{\mathrm{n}-1} + \ldots \tag{2.7}$$

mit dem Zweiphotonenabsorptionskoeffizienten β und dem n-Photonen-Absorptionskoeffizienten β_{n}.

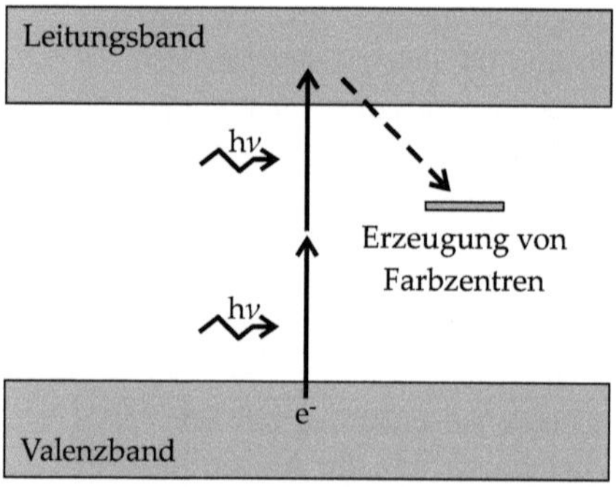

Abbildung 2.6: *Schematische Darstellung der Zweiphotonenabsorption mit anschließender Bildung eines Farbzentrums: Ein Elektron im Valenzband absorbiert die Energie von zwei nahezu gleichzeitig auftreffenden Photonen. Die Gesamtenergie reicht aus, um die Bandlücke zu überwinden, und das Elektron wird ins Leitungsband angeregt.*

Der Zweiphotonenabsorptionskoeffizient β besitzt eine starke Wellenlängenabhängigkeit: Ist die Photonenergie kleiner als die Hälfte der Bandlücke, so verschwindet β, mit höherer Photonenergie vergrößert sich zunehmend die Wahrscheinlichkeit für die Anregung, und β steigt an [51, 64, 66]. Die Existenz eines realen Zwischenniveaus kann außerdem die Wahrscheinlichkeit einer Zweiphotonenabsorption – und damit β – drastisch steigern [67].

Lichtinduzierte Absorption und Transparenz

Durch Lichtabsorption können Ladungsträger sowohl räumlich als auch bezüglich ihrer Energie umverteilt werden, ein Beispiel ist in Abb. 2.6 dargestellt. So können zunächst leere Energieniveaus mit Elektronen gefüllt werden und sogenannte Farbzentren bilden. Diese führen zu einer Erhöhung der Absorptionskoeffizienten in einem Wellenlängenbereich, so lange das Energieniveau gefüllt bleibt. Dieser Prozess wird als lichtinduzierte Absorption bezeichnet. Andersherum können auch Elektronen, die sich zunächst in Farbzentren befinden, durch Absorption in einen anderen Zustand angeregt werden. Führt dies zu einer mittleren Entvölkerung der Farbzentren, so verkleinert sich die Absorption im betrachteten Wellenlängenbereich. Dieser Prozess wird lichtinduzierte Transparenz oder Ausbleichen genannt.

2.2 Photoakustische Spektroskopie

In diesem Abschnitt wird das photoakustische Messverfahren vorgestellt, das in dieser Arbeit zur Messung der Lichtabsorption in Festkörpern Verwendung findet. Der erste Teil des Abschnitts beschäftigt sich mit dem photoakustischen Effekt, also der Umwandlung von Licht in akustische Wellen. Anschließend wird deren Ausbreitung in Festkörpern beschrieben, und Möglichkeiten der Detektion werden aufgeführt. Abschließend werden konkurrierende Effekte dargestellt, die – ähnlich wie der photoakustische Effekt – zur Entstehung von Schallwellen aufgrund einer Beleuchtung führen.

2.2.1 Prinzip, Geschichte und Anwendungsbereiche

Der photoakustische Effekt beschreibt die Umwandlung von Licht in Schallwellen im folgenden Kausalzusammenhang, siehe Abb. 2.7(a): Lichtpulse beleuchten die zu untersuchende Probe. Durch Absorption wird ein Teil der Lichtenergie in der Probe deponiert. Dies führt zur lokalen Erwärmung; aufgrund thermischer Ausdehnung kommt es zu einem Druckaufbau und folglich zur Erzeugung von Schallwellen. Auf diese Weise lassen sich mit gepulstem Licht Schallwellen erzeugen, deren Druckamplitude proportional zum Absorptionskoeffizienten des untersuchten Mediums ist [34, 68]. Der photoakustische Effekt wurde von Alexander Graham Bell entdeckt, Abb. 2.7(b), der ihn im Jahre 1880 publizierte [32]. Der Effekt blieb bis auf wenige Ausnahmen [69, 70] zunächst ungenutzt, siehe [71].

Die Entwicklung leistungsstarker Laser führte zur Renaissance der Nutzung des photoakustischen Effekts. In den Jahren 1968 und 1971 erschienen erste Publikationen zur Detektion von Spurengasen mit Hilfe des photoakustischen Effekts [73, 74]. Dieser Forschungsbereich verbreiterte sich rasch, und hunderte Veröffentlichungen über photoakustische Spektroskopie an Gasen, Flüssigkeiten und Festkörpern folgten. Die erreichten Fortschritte wurden Mitte der 1980er Jahre von Tam und Patel zusammengefasst [34, 68]. Anschließend ließ das Forschungsinteresse auf dem Feld der photoakustischen Detektion kleiner Absorptionen nach. Die entwickelten Sensoren zur Spurengasanalyse schafften es zur Marktreife [75], so vertreibt beispielsweise PAS-Analytik photoakustische Gasanalysatoren, hingegen gibt es bis heute keine kommerziell erhältlichen photoakustischen Spektrometer für Festkörper.

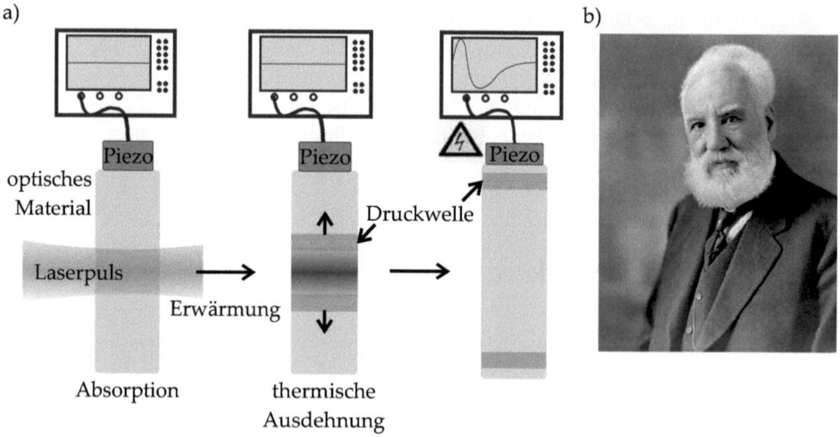

Abbildung 2.7: *(a) Erzeugung und Detektion photoakustischer Schallwellen in einem Festkörper, mit Hilfe eines Laserpulses und einem Piezosensor (Mikrophon). (b) Alexander Graham Bell [72].*

Neben der empfindlichen Absorptionsdetektion bietet der photoakustische Effekt weitere Anwendungsmöglichkeiten [34]. Photoakustische Tomographie an Gewebe ist das derzeit aktivste Forschungsfeld, das auf dem von Bell entdeckten Effekt beruht [76–78].

2.2.2 Absorptionsdetektion in Festkörpern

In unendlich ausgedehnten Flüssigkeiten und Gasen lässt sich die um den Laserstrahl entstehende zylindrische photoakustische Druckwelle p_A theoretisch berechnen, wenn sowohl das Profil als auch der zeitliche Verlauf des Anregungslaserpulses $I(r,t)$ bekannt sind [33]; sie ergibt sich aus

$$\left(\frac{1}{v^2}\frac{\partial^2}{\partial t^2} - \nabla\right) p_A = \frac{\alpha\beta_{th}}{c_p}\frac{\partial}{\partial t}I(t,r) \tag{2.8}$$

mit dem thermischen Ausdehnungskoeffizienten β_{th}, der Schallgeschwindigkeit v, der spezifischen Wärmekapazität bei konstantem Druck c_p und der Laserstrahlintensität $I(t,r)$. Da der thermische Ausdehnungskoeffizient β_{th} in Festkörpern im Allgemeinen ein Tensor 2. Stufe ist, können in solchen zusätzlich Scherwellen angeregt werden. Diese werden im vorgestellte Modell nicht berücksichtigt, da dies einerseits den Simulationsaufwand deutlich erhöhen würde, und da andererseits die – für diese Arbeit wichtigen – Proportionalitäten unabhängig von der Berücksichtigung der Scherwellen gelten. Der zeitliche Verlauf der longitudinalen photoakustischen Druckwelle kann aus

$$p_A = \frac{\alpha \beta_{th}}{c_p} \frac{\partial}{\partial t} \Phi \tag{2.9}$$

bestimmt werden, wobei Φ die Lösung der Differentialgleichung

$$\left(\frac{1}{v^2} \frac{\partial^2}{\partial t^2} - \nabla \right) \Phi = I(t, r) \tag{2.10}$$

ist. Dabei lässt sich Φ numerisch für beliebige zeitliche und räumliche Intensitätsverläufe $I(t, r)$ bestimmen [33].

Bei der theoretischen Beschreibung photoakustischer Druckwellen werden zwei Fälle unterschieden, entscheidend sind die Laserpulsdauer τ_l, der Laserstrahlradius R_f und die Schallgeschwindigkeit im Probenmaterial v:

- Ist die Ausbreitungszeit der akustischen Welle durch den Laserstrahl länger als die Laserpulsdauer, $R_f/v > \tau_l$, so spricht man von breiten Laserstrahlen,
- ist die Laserpulsdauer länger, $\tau_l > R_f/v$, so spricht man von schmalen Laserstrahlen.

In dieser Arbeit ist stets der Fall breiter Laserstrahlen erfüllt, da die Laserpulsdauer $\tau_l = 7$ ns, siehe Kap. 4.2, deutlich kürzer ist als typische Ausbreitungszeiten der photoakustischen Druckwelle durch den Laserstrahl, $\tau_a = R_f/v \approx 100$ ns, mit $R_f \approx 1$ mm und $v \approx 10^4$ m/s. In diesem Fall ist die photoakustische Anregung theoretisch nahezu unabhängig vom zeitlichen Verlauf des Anregungslaserpulses. Die Amplitude der photoakustischen Druckwelle wird durch die Pulsenergie bestimmt, ihre Form lässt sich aus (2.9) berechnen: Für ein Gauß-förmiges Laserstrahlprofil hat sie den in Abb. 2.8 gezeigten Verlauf. Neben dem zeitlichen Verlauf lässt sich auch die maximale Druckamplitude im Abstand r vom Mittelpunkt des Gauß-förmigen Laserstrahls bestimmen [34]:

$$p(r) = \frac{\beta_{th} v^2}{\pi c_p R_f^{3/2} \sqrt{r}} E_{puls} \alpha, \tag{2.11}$$

mit der Laserpulsenergie E_{puls}.

Die Amplitude der photoakustischen Druckwelle $p(r)$ ist proportional zum Produkt aus Anregungspulsenergie E_{puls} und Absorptionskoeffizienten α, was – bei fester optischer Weglänge – dem Energieeintrag in der Probe entspricht, sowie dem Quotienten aus thermischem Ausdehnungskoeffizienten β_{th} geteilt durch die spezifische Wärmekapazität c_p, welche die Erwärmung aufgrund des Energieeintrags bestimmt. Aufgrund der Energieerhaltung nimmt die Amplitude der photoakustischen Druckwelle mit der Wurzel des reziproken Abstands r der Welle zum Anregungsort ab: Die in der Druckwelle gespeicherte Energie E_{Druck} ist proportional zum Quadrat der Druckamplitude $E_{Druck} \propto p^2$ [34, 79]. Mit steigendem Abstand r verteilt

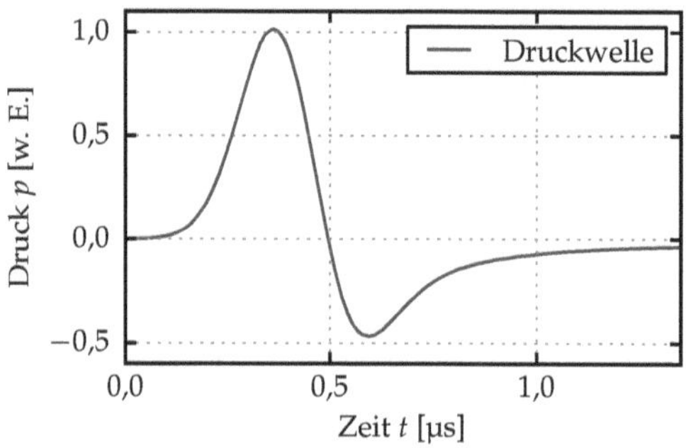

Abbildung 2.8: *Berechneter zeitlicher Verlauf der photoakustischen Druckwelle für eine Anregung mit einem Gauß-förmigen Laserstrahlprofil, $\tau_l < 10$ ns, $R_f = 1$ mm, $v = 10^4$ m/s und folglich $\tau_a \approx 100$ ns.*

sich die Energie der Druckwelle auf eine zylindrische Oberfläche $A_{\text{zylinder}} \propto r$. Es folgt $p(r) \propto 1/\sqrt{r}$, da das Produkt $p^2(r)A(r)$ aufgrund der Energieerhaltung konstant ist. Die Schallgeschwindigkeit v geht quadratisch in die Amplitude der Druckwelle ein; hier spielen zwei Effekte eine Rolle: Zum einen ist der Druck akustischer Wellen gegeben durch $p = 2\pi v \Delta x \rho f_{\text{PhAk}}$, mit der Verschiebung der Atome aufgrund der Druckwelle Δx, der Dichte ρ und der Trägerfrequenz der akustischen Welle f_{PhAk} [68]. Diese wird bei photoakustischer Anregung mit breiten Strahlen bestimmt durch $f_{\text{PhAk}} \approx v/R_f$, folglich gilt $p \propto v^2/R_f$. Die explizite Abhängigkeit vom Strahlradius $p \propto R^{-3/2}$ gilt ausschließlich bei einer Anregung mit Gauß-förmigen Laserstrahlen. Eine detaillierte analytische Herleitung von (2.11) ist in [68] zu finden.

2.2.3 Akustische Wellen in Festkörpern

Im Volumen von Festkörpern können sich sowohl transversale als auch longitudinale akustische Wellen ausbreiten. Bei longitudinalen Schallwellen bewegen sich die Atome auf einer Achse entlang der Ausbreitungsrichtung, bei transversalen Wellen stehen die Bewegungsrichtung der Atome und der Wellenvektor der akustischen Welle senkrecht zu einander. Longitudinale und transversale akustische Wellen breiten sich in der Regel mit unterschiedlichen Schallgeschwindigkeiten aus. Diese sind gegeben durch

$$v_{\text{long}} = \sqrt{\frac{K + 0{,}75\mu}{\rho}} \qquad \text{und} \qquad v_{\text{trans}} = \sqrt{\frac{\mu}{\rho}}, \tag{2.12}$$

mit dem Kompressionsmodul K, dem Schermodul μ und der Dichte ρ [38, 79]. Die Schallgeschwindigkeit longitudinaler akustischer Wellen ist im Vergleich zu der von transversalen Wellen in der Regel grob doppelt so groß, beispielsweise ist die Schallgeschwindigkeit für longitudinale Wellen in Lithiumniobatkristallen ($LiNbO_3$) entlang der kristallographischen $\vec{c}$-Achse $v_{\text{long}}^{\text{LiNbO}_3} = 7341\,\text{m/s}$ und für transversale Wellen entlang derselben Richtung $v_{\text{trans}}^{\text{LiNbO}_3} = 3573\,\text{m/s}$ [43].

In endlich ausgedehnten Festkörpern kommen aufgrund der Oberflächen weitere akustische Wellentypen vor, hierzu gehören die Oberflächenwellen, die sich geführt entlang der Oberfläche ausbreiten [80]. Handelt es sich bei dem Festkörper um eine Platte, deren Dicke d im Bereich der Wellenlänge der akustischen Wellen λ_{aku} liegt, so spricht man von akustischen Lamb-Wellen [81–83]. Es gibt symmetrische und antisymmetrische Lamb-Wellen, beide sind Mischungen aus akustischen Oberflächen- und Volumenwellen, wobei symmetrische Lamb-Wellen hauptsächlich longitudinalen Volumenwellen entsprechen und antisymmetrische Lamb-Wellen das Transversalwellenäquivalent für dünne Scheiben sind. Die Schallgeschwindigkeit der Lamb-Wellen ist geringer als ihr jeweiliges Volumenwellenäquivalent, sie hängt vom Verhältnis der Plattendicke zur akustischen Wellenlänge d/λ_{aku}, der Propagationsrichtung und dem Schnittwinkel der Probe ab [83]. Bei verschwindender Plattendicke strebt die Schallgeschwindigkeit der antisymmetrischen Lamb-Wellen gegen Null, während die der symmetrischen Lamb-Wellen gegen einen Wert nahe der Schallgeschwindigkeit longitudinaler Wellen strebt [84, 85]. Beide Werte nähern sich für $d/\lambda_{\text{aku}} \gg 1$ der Schallgeschwindigkeit akustischer Oberflächenwellen an, die wiederum durch eine Überlagerung symmetrischer und antisymmetrischer Lamb-Wellen beschrieben werden können [84].

Ausbreitung und Ankopplung

Nach der pulsartigen Beleuchtung breiten sich die photoakustisch erzeugten Druckwellen, Abb. 2.8, vom beleuchteten Volumen startend, zylinderförmig in der Probe aus. An den Kanten der Probe – Grenzflächen zur Luft oder zum Halter aus Plastik – werden die akustischen Druckwellen zum größten Teil reflektiert. Das Verhältnis von reflektiertem Druck zu eingehendem Druck ist gegeben durch [38]

$$p_{\text{re}}/P_0 = \left|\frac{\rho_0 v_0 - \rho_1 v_1}{\rho_0 v_0 + \rho_1 v_1}\right|. \tag{2.13}$$

Da sowohl die Schallgeschwindigkeit v als auch die Dichte ρ von Luft und Plastik wesentlich geringer sind als die der untersuchten optischen Materialien, ist die Impedanzanpassung schlecht erfüllt und der Übergang der akustischen Welle aus der Probe in die Umgebung ist unterdrückt.

Detektion

Ein Piezsosensor detektiert die photoakustisch erzeugten Körperschallwellen. Der Vorteil ist, dass somit eine Übertragung der photoakustischen Wellen – abgesehen vom Glycerin-gefüllten Spalt – ausschließlich in Festkörpern erfolgt. Bei einer direk-

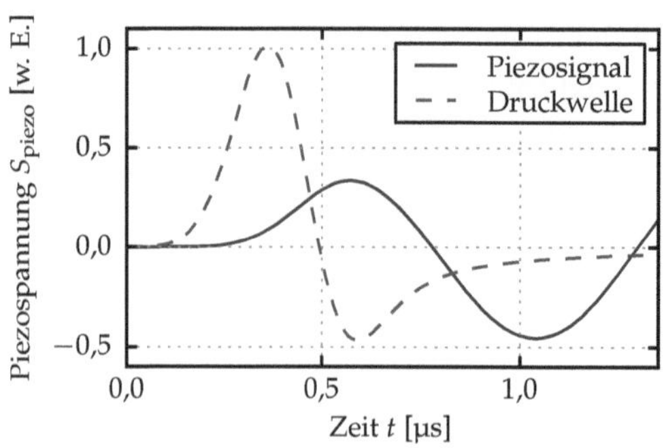

Abbildung 2.9: *Berechnung des zeitlichen Verlaufs des Piezosignals, für den Fall eines langsamen Piezosensors mit $\nu_{piezo}^{res} = 2$ MHz und $\tau_a = 100$ ns. Zur besseren Illustration der Piezo-Antwort ist zusätzlich die tatsächliche photoakustische Druckwelle $p(t)$ aus Abb. 2.8 dargestellt.*

ten Ankopplung des Piezosensors an die Probe ergibt sich eine Koppeleffizienz von maximal

$$\eta_{koppel} \approx p_{transmitiert}/p_{Probe} = 1 - \left| \frac{\rho_{Probe}v_{Probe} - \rho_{piezo}v_{piezo}}{\rho_{Probe}v_{Probe} + \rho_{piezo}v_{piezo}} \right| . \tag{2.14}$$

Die erreichte Koppeleffizienz ist so wesentlich größer im Vergleich zur Ankopplung über ein Puffergas. Die Koppeleffizienz unterscheidet sich jedoch für verschiedene Probenmaterialien.

Ein weiterer wichtiger Aspekt bei der Detektion photoakustischer Schallwellen ist das Antwortverhalten des Piezosensors im betrachteten Frequenzbereich. Das typische Frequenzantwortverhalten eines Piezosensors ist relativ konstant im Bereich zwischen einer unteren Grenzfrequenz und der mechanischen Resonanzfrequenz des Piezos. Im Bereich der Resonanzfrequenz sind Piezosensoren empfindlicher; bei Signalen mit höheren Frequenzanteilen, kann der Piezosensor der Schallwelle nicht folgen, und die Empfindlichkeit geht zurück. Kommerziell erhältliche Piezosensoren besitzen Resonanzfrequenzen im Bereich unterhalb von 5 MHz; sie sind also zu langsam, um das in Abb. 2.8 gezeigte Signal zeitlich aufzulösen. In diesem Fall ergibt sich das Piezosignal $S_{piezo}(t)$ aus [86]

$$S_{piezo}(t) = \int_{-\infty}^{t} G(t - t')p(t')\mathrm{d}t', \tag{2.15}$$

wobei die Piezoantwortfunktion $G(t)$ in erster Näherung durch $G(t) = \sin(\pi\nu_{piezo}^{res}t)$ genähert werden kann, wobei ν_{res}^{piezo} die Resonanzfrequenz des Piezosensors ist. In Abb. 2.9 ist für $\nu_{piezo}^{res} = 2$ MHz das resultierende Piezosignal durch eine Anregung mit dem in Abb. 2.8 dargestellten photoakustischen Signal gezeigt. Abbildung 2.9 zeigt das – im Vergleich zur Resonanzfrequenz des Piezosensors hochfrequente – photoakustische Signal $p(t)$ aus Abb. 2.8, welches den Piezosensor zum Schwingen anregt.

2.2.4 Kalibrierung

Theorie

Die Amplitude der photoakustisch erzeugten Druckwellen P ist nach (2.11) proportional zum Absorptionskoeffizienten α. Der Piezosensor liefert die photoakustische Spannung

$$U_{\mathrm{PhAk}} = k_{\mathrm{piezo}} p \tag{2.16}$$

mit dem Piezosensorkoeffizienten k_{piezo}. Folglich gilt

$$U_{\mathrm{PhAk}} = K E_{\mathrm{puls}} \alpha \text{ und } \alpha = \frac{S_{\mathrm{PhAk}}}{K}, \tag{2.17}$$

mit dem normierten photoakustischen Signal $S_{\mathrm{PhAk}} = U_{\mathrm{PhAk}} / E_{\mathrm{puls}}$ und dem Kalibrierungskoeffizienten K. Dieser besteht aus drei Termen,

$$K = \frac{\beta_{\mathrm{th}} v^2 \eta_{\mathrm{W}}}{\pi c_{\mathrm{p}}} \frac{1}{R_{\mathrm{f}}^{3/2} \sqrt{r}} k_{\mathrm{piezo}} \tag{2.18}$$

mit dem materialspezifischen Anteil $\beta_{\mathrm{th}} v^2 \eta_{\mathrm{W}} / c_{\mathrm{p}}$, dem Einfluss des Anregungslaserstrahls $(R_{\mathrm{f}}^{3/2} \sqrt{r})^{-1}$ und dem Piezosensorkoeffizienten k_{piezo}, der die Umwandlung der Druckamplitude in ein Spannungssignal beschreibt. Der photoakustische Wirkungsgrad η_{W} gibt den Anteil der absorbierten Lichtenergie an, der innerhalb der relevanten Messdauer in Wärme umgewandelt wird und somit zur Erzeugung der zu messenden photoakustischen Schallwelle beiträgt. Er hängt sowohl vom Anteil der Lumineszenz als auch von der Thermalisierungsdauer der angeregten Zustände ab. Der Wert des Piezosensorkoeffizienten wird wiederum durch vier Anteile bestimmt:

$$k_{\mathrm{piezo}} = \eta_{\mathrm{koppel}} \eta_{\mathrm{freq}} s_{\mathrm{piezo}} a_{\mathrm{verst}}. \tag{2.19}$$

Dabei bezeichnen η_{koppel} die akustische Koppeleffizienz zwischen Probe und Piezosensor, η_{freq} die Verminderung der Koppeleffizienz aufgrund photoakustischer Schallwellen mit Frequenzen, die höher sind als die Resonanzfrequenz des Piezosensors $\nu_{\mathrm{res}}^{\mathrm{piezo}}$, der Empfindlichkeit des Piezosensors s_{piezo} und dem Verstärkungsfaktor a_{verst} des elektronischen Systems aus Nachverstärker, Filter und Auslese. Da weder η_{koppel} noch η_{freq} berechnet werden können, siehe Kap. 3.2.2, ist eine experimentelle Bestimmung von k_{piezo} bzw. K notwendig.

Berücksichtigung der Fresnel-Reflexion

Aufgrund der Fresnel-Reflexion wird die Pulsenergie beim Durchgang durch die Probe abgeschwächt, siehe Kap. 2.1. Es gilt die Beziehung

$$E_{\text{puls}}^{\text{trans}} = E_{\text{puls}}^{\text{vorw}} T = E_{\text{puls}}^{\text{ein}} T^2 \sum_{i=0}^{\infty} (1-T)^{2n} = E_{\text{puls}}^{\text{ein}} \frac{T}{2-T} \tag{2.20}$$

wobei $E_{\text{puls}}^{\text{ein}}$, $E_{\text{puls}}^{\text{vorw}}$ und $E_{\text{puls}}^{\text{trans}}$ die eingestrahlte Pulsenergie, die Pulsenergie des vorwärtslaufenden Lichts in der Probe und die transmittierte Pulsenergie bezeichnen. Bei der Berechnung der gesamten Pulsenergie in der Probe E_{puls} muss der rückwärtslaufende Anteil $E_{\text{puls}}^{\text{r}}$ mit berücksichtigt werden:

$$E_{\text{puls}} = E_{\text{puls}}^{\text{vorw}} + E_{\text{puls}}^{\text{r}} = \frac{E_{\text{puls}}^{\text{trans}}}{T} + E_{\text{puls}}^{\text{ein}} TR \sum_{i=0}^{\infty} (1-T)^{2n} = E_{\text{puls}}^{\text{trans}} \frac{2-T}{T}. \tag{2.21}$$

Der Transmissionsgrad T und damit das Verhältnis der Pulsenergie in der Probe E_{puls} zur transmittierten Pulsenergie $E_{\text{puls}}^{\text{trans}}$ hängt vom Brechungsindex $n(\lambda)$ ab, der seinerseits wiederum wellenlängenabhängig ist. Da die Pulsenergie hinter der Probe gemessen wird, also $E_{\text{puls}}^{\text{trans}}$, muss (2.21) bei der Bestimmung von E_{puls} berücksichtigt werden. Die Wellenlängenabhängigkeit des Brechungsindex $n(\lambda)$ ist für die meisten Materialen bekannt, sie wird mit Hilfe der jeweiligen Sellmeier-Koeffizienten berechnet [45].

Die Linienbreite des Anregungslichts beträgt 4 – 7 cm^{-1}, siehe Kap. 3.1.2, die Kohärenzlänge liegt folglich im Bereich weniger Millimeter. Für dünne Proben ($l \leq$ 1 mm) kann es aufgrund von Fresnel-Reflexion zur Interferenz und damit zu stehenden Wellen in der Probe kommen. Die Folge ist, dass die absorbierte Lichtenergie – und damit die Erwärmung – inhomogen entlang der Anregungsstrahlachse sein kann. Da die Modulation der Erwärmung auf sehr kleinen Abständen stattfindet, ca. λ/n, führt thermische Diffusion zur schnellen Aufhebung der Inhomogenität. Mit dem thermischen Diffusionskoeffizienten von Lithiumniobatkristallen $D_{\text{dif}} \approx 10^{-2}\ \text{cm}^2/\text{s}$ [43], erhält man bei einem Abstand von 1 µm, eine Diffusionszeit im Bereich einer Mikrosekunde. Dies ist zwar länger als die Zeit $\tau_{\text{a}} \approx 0{,}1$ µs, innerhalb der die photoakustische Druckwelle entsteht, jedoch liegt die Strukturgröße der inhomogenen Erwärmung deutlich unterhalb der Wellenlänge der Druckwelle, siehe Kap. 6.1.2. Da die Amplitude der photoakustischen Druckwelle linear mit der deponierten Energie $E_{\text{puls}}\alpha$ skaliert (2.11), sollte sich der Effekt inhomogener Erwärmung für große Abstände $r > R_{\text{f}}$ herausmitteln. Zu beachten ist, dass die Intensitätsinhomogenitäten sehr wohl Auswirkungen auf optisch nichtlineare Prozesse haben.

Berücksichtigung der Absorption im Volumen

Die photoakustische Absorptionsdetektion wird in dieser Arbeit verwendet, um kleine Absorptionskoeffizienten zu bestimmen. In diesem Fall kann die Pulsenergie E_{puls}

beim Durchleuchten des Medium als konstant angenommen werden. Wird der Laserpuls beim Durchlaufen des Mediums aufgrund hoher Absorption im Volumen abgeschwächt, was beispielsweise in Kap. 4.4.2 der Fall ist, so muss ein Korrekturfaktor

$$\kappa = \left(\frac{U_{\mathrm{PhAk}}}{E_{\mathrm{puls}} K} \right) / \alpha \tag{2.22}$$

berücksichtigt werden. Im Folgenden wird davon ausgegangen, dass für die photoakustische Spannung

$$U_{\mathrm{PhAk}} = K \frac{\Delta E_{\mathrm{puls}}}{l} \tag{2.23}$$

gilt, wobei $\Delta E_{\mathrm{puls}} = E_{\mathrm{puls}}(1 - e^{-\alpha l})$ die in der Probe absorbierte Lichtenergie ist. Aus (2.20 – 2.23) folgt

$$\kappa = \frac{1 - e^{-\alpha l}}{\alpha l}. \tag{2.24}$$

Da κ für $\alpha l \ll 1$ gegen eins strebt, muss der Korrekturfaktor nur bei der Bestimmung relativ großer Absorptionskoeffizienten oder bei extrem langen Proben berücksichtigt werden. In diesen Fällen lässt sich der Absorptionskoeffizient α – dessen Kenntnis zur Berechnung von κ nötig ist – mit herkömmlichen Spektrometern bestimmen, siehe Kap. 2.3.

2.2.5 Konkurrierende Effekte

Der photoakustische Effekt soll in dieser Arbeit genutzt werden, um den Absorptionskoeffizienten der untersuchten Materialien bei der eingestrahlten Anregungswellenlänge $\alpha(\lambda)$ zu bestimmen. Es gibt jedoch weitere Effekte, die zu zusätzlichen Druckwellen bzw. Piezosignalen führen. Hierzu gehören einerseits experimentelle Störsignale, wie elektrisches Rauschen oder Streulicht, das den Piezo trifft und dort ein Signal erzeugt. Diese Fehlerquellen lassen sich experimentell mehr oder minder gut reduzieren, siehe Kap. 3.2. Andererseits gibt es physikalische Prozesse, die zur Erzeugung von Schallwellen aufgrund einer Beleuchtung des Probenmaterials führen. Diese Effekte spielen eine Rolle, wenn besonders transparente Materialien untersucht werden; sie legen die grundsätzlichen Grenzen des Messverfahrens fest. In diesem Fall ist die – im Folgenden als „reine" bezeichnete – photoakustische Druckwelle p_A, die proportional zum Absorptionskoeffizienten α ist, (2.11), klein wodurch die zusätzlichen akustischen Druckwellen, die unabhängig vom Absorptionskoeffizienten sind, verhältnismäßig mehr Gewicht bekommen.

Die nachfolgend aufgeführten Prozesse können zu solchen zusätzlichen akustischen Wellen führen. Um eine Abschätzung über die Größe des jeweiligen Effekts zu erhalten, wird der Absorptionskoeffizient α_{min} angegeben, für den die Amplitude der reinen photoakustischen Druckwelle der der zusätzlichen Druckwelle entspricht.

Elektrostriktion

Druckwelle Erzeugt das elektrische Lichtfeld eine Polarisierung des durchleuchteten Mediums, so kann das (gleiche) elektrische Lichtfeld an diese induzierte Polarisierung angreifen und das Material verspannen. Dieser Effekt wird Elektrostriktion genannt, er ist der Piezoeffekt zweiter Stufe, d. h. die Abhängigkeit der Verspannung ist proportional zum Quadrat des elektrischen Feldes, also linear zur Lichtintensität. Über den elektrostriktiven Effekt entstehen folglich bei einer lokalen Beleuchtung der Probe aufgrund des Intensitätsgradienten zusätzliche akustische Druckwellen. Um dies zu berücksichtigen, muss (2.8) um einen Term erweitert werden [33]:

$$\left(\frac{1}{v^2}\frac{\partial^2}{\partial t^2} - \nabla\right) P = \left(\frac{\alpha\beta_{\text{th}}}{c_{\text{p}}}\frac{\partial}{\partial t} - \frac{\gamma}{2ncv^2}\frac{\partial^2}{\partial t^2}\right) I(t,r), \tag{2.25}$$

wobei c die Lichtgeschwindigkeit und γ der elektrostriktive Koeffizient ist [33]. Allgemein gilt $\gamma \approx 1$; für Flüssigkeiten lässt sich γ aus $\gamma = (n^2 - 1) + (n^2 - 1)^2/3$ berechnen [33, 86, 87]. Analog zu (2.9) kann der elektrostriktive Anteil p_{el} der Druckwelle P aus Φ, (2.10), bestimmt werden [33]

$$p_{\text{el}} = -\frac{\gamma}{2ncv^2}\frac{\partial^2}{\partial t^2}\Phi = -\frac{\gamma c_{\text{p}}}{2ncv^2\alpha\beta_{\text{th}}}\frac{\partial p_{\text{A}}}{\partial t}, \tag{2.26}$$

wobei p_{A} die reine photoakustische Druckwelle beschreibt. Der Verlauf des elektrostriktiven Anteils an der Druckwelle ist also proportional zur negativen zeitlichen Ableitung der reinen photoakustischen Druckwelle, beide Anteile sind zur Veranschaulichung in Abb. 2.10 dargestellt. Im Fall einer Anregung mit einem breiten Gaußstrahl ($\tau_{\text{l}} < R_{\text{f}}/v$, Kap. 2.2.2) gilt [33, 86]

$$\alpha_{\text{min}} = \frac{\gamma c_{\text{p}}}{2ncv\beta_{\text{th}}R_{\text{f}}}. \tag{2.27}$$

Für die Materialparameter von LiNbO_3 Kristallen: $c_p = 650$ J/KgK, $n = 2{,}2$, $v_{\text{long}}^{\text{LiNbO}_3} = 7341$ m/s und $\beta_{\text{th}} \approx 10^{-5}$ K^{-1} [43], und einem Strahlradius von $R_{\text{f}} = 1$ mm, erhält man $\alpha_{\text{min}} \approx 10^{-4}$ cm^{-1}. Dieser Wert muss nicht notwendigerweise die Grenze für den kleinsten photoakustisch bestimmbaren Absorptionskoeffizienten darstellen, da sich der zeitliche Verlauf des elektrostriktiven Anteils der Druckwelle vom photoakustischen Anteil unterscheidet, siehe Abb. 2.10 und [33].

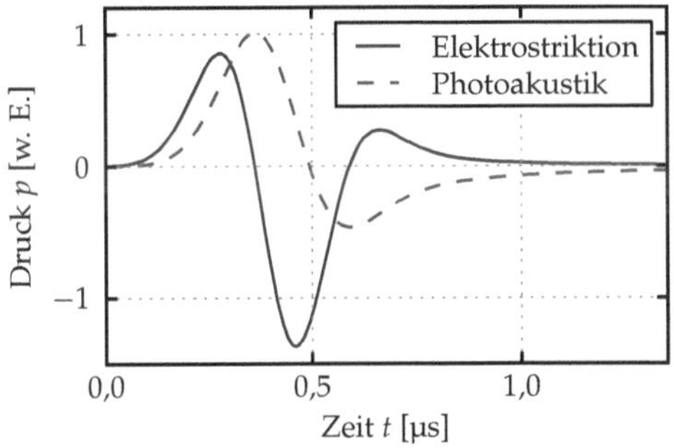

Abbildung 2.10: *Berechneter zeitlicher Verlauf der zusätzlichen akustischen Druckwelle, die durch den elektrostriktiven Effekt entsteht. Zum Vergleich ist der Verlauf der reinen photoakustischen Druckwelle aus Abb. 2.8 ebenfalls dargestellt.*

Piezosignal Die Antwort des Piezosenors auf den elektrostriktiven Anteil der erzeugten Druckwellen lässt sich mit (2.15) und (2.26) nähern zu

$$S_{\text{piezo}}^{\text{el}}(t) = -\frac{\gamma c_{\text{p}}}{2ncv^2\alpha\beta_{\text{th}}}\int_{-\infty}^{t} G\left(t-t'\right)\frac{\partial p_{\text{A}}\left(t'\right)}{\partial t'}\text{d}t' \tag{2.28}$$

$$= -\frac{\gamma c_{\text{p}}}{2ncv^2\alpha\beta_{\text{th}}}\left(\left[G\left(t-t'\right)p_{\text{A}}\left(t'\right)\right]_{-\infty}^{t} - \int_{-\infty}^{t}\frac{\partial G\left(t-t'\right)}{\partial t'}p_{\text{A}}\left(t'\right)\text{d}t'\right). \tag{2.29}$$

Die zeitliche Ableitung des Piezosensorsignals der reinen photoakustischen Druckwelle ist gegeben durch

$$\frac{\text{d}S_{\text{piezo}}^{\text{A}}(t)}{\text{d}t} = \int_{-\infty}^{t}\frac{\partial G\left(t-t'\right)}{\partial t'}p_{\text{A}}\left(t'\right)\text{d}t' + \int_{-\infty}^{t} G\left(t-t'\right)\underbrace{\frac{\partial p_{\text{A}}\left(t'\right)}{\partial t}}_{=0}\text{d}t' \tag{2.30}$$

$$= \int_{-\infty}^{t}\frac{\partial G\left(t-t'\right)}{\partial t'}p_{\text{A}}\left(t'\right)\text{d}t'. \tag{2.31}$$

Hiermit vereinfacht sich (2.29) zu

$$S_{\text{piezo}}^{\text{el}}(t) = -\frac{\gamma c_{\text{p}}}{2ncv^2\alpha\beta_{\text{th}}}\left(\left[G\left(t-t'\right)p_{\text{A}}\left(t'\right)\right]_{-\infty}^{t} - \frac{\text{d}S_{\text{piezo}}^{\text{A}}(t)}{\text{d}t}\right). \tag{2.32}$$

Im Fall einer Anregung des Piezosensors mit sehr kurzen photoakustischen und elektrostriktiven Druckwellen gilt auch für die Piezoantwort $S_{\text{piezo}}^{\text{el}}(t) \propto \text{d}S_{\text{piezo}}^{\text{A}}(t)/\text{d}t$ für den Zeitbereich nach der Anregung, d. h. wenn $p_{\text{A}}(t) = 0$ ist. Dieses Verhalten ist in Abb. 2.11 für $t > 1$ µs zu sehen. Die Empfindlichkeit der Detektion des elektrostriktiven Anteils hängt daher vom Filteralgorithmus der Auswertung des Piezosignals ab [33, 86].

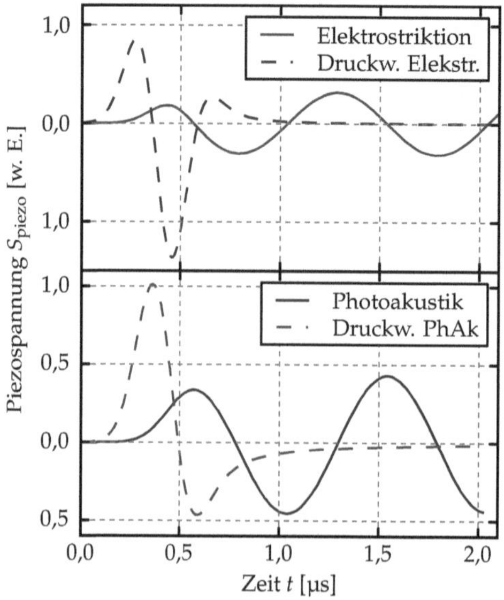

Abbildung 2.11: *Vergleich der Piezosignale durch Anregung mit einer reinen photoakustischen und einer zusätzlichen akustischen Druckwelle durch Elektrostriktion: (a) Berechnung des Piezosignals der zusätzlichen akustischen Druckwelle, die durch den elektrostriktiven Effekt entsteht und (b) Piezosignal durch Anregung mit dem reinen photoakustischen Signal aus Abb. 2.9.*

Strahlungsdruck

Bei der Fresnel-Reflexion von Licht an einer Grenzfläche wird aufgrund der Impulserhaltung Lichtimpuls auf die zu untersuchende Probe übertragen, dies führt zu Strahlungsdruck [38]

$$p_{\text{Srahlung}} = \frac{2I_{\text{re}}}{c} \tag{2.33}$$

an der Oberfläche, wobei I_{re} die Intensität des reflektierten Lichts ist. Ähnlich wie bei der Elektrostriktion und der Amplitude der photoakustischen Druckwelle, steigt der Strahlungsdruck linear mit der Pulsenergie E_{puls} des Anregungslaserpulses an.

Für die Abschätzung des Strahlungsdruckeinflusses auf das Piezosignal ist zu beachten, dass der Strahlungsdruck nur für die Dauer des Laserpulses $\tau_l = 7$ ns anliegt. Diese ist sowohl kürzer als die typische Dauer einer photoakustischen Druckwelle $\tau_a \approx 0{,}1$ µs, als auch kürzer als die Schwingungsdauer des Piezo-Detektors $1/\nu_{\text{res}}^{\text{piezo}} \approx 0{,}5$ µs. Durch den Strahlungsdruck wird daher, ähnlich zum photoakustischen Druck, der Piezosensor mittels eines Druckimpulses zum Schwingen angeregt. Der Strahlungsdruckeinfluss auf das Piezosignal ist daher proportional zum Produkt aus Strahlungsdruckamplitude und -Dauer. Aus $p_{\text{Srahlung}}\tau_l = p(R_f)\tau_a$ ergibt sich

$$\alpha_{\min} \approx \frac{2c_{\mathrm{p}}}{R_{\mathrm{f}} c \beta_{\mathrm{th}} v} \frac{(n-1)^2}{(n+1)^2}. \tag{2.34}$$

Für die Materialparameter von $LiNbO_3$ und einen Strahlradius $R_\mathrm{f} = 1$ mm erhält man $\alpha_{\min} \approx 10^{-4}$ cm^{-1}. Hier ist jedoch zusätzlich die Richtung des Drucks zu beachten, da der Strahlungsdruck entlang der Strahlrichtung und der reine photoakustische Druck orthogonal zur Strahlrichtung wirkt. Es ist daher wahrscheinlich, dass der Strahlungsdruck stärker an antisymmetrische Lamb-Wellen koppelt, welche weniger effizient vom Piezosensor detektiert werden.

Volumenphotovoltaischer Piezodruck

In piezoelektrischen Materialien, die zudem den volumenphotovoltaischen Effekt zeigen, wie beispielsweise $LiNbO_3$ [88, 89], können auf folgende Weise durch kurzzeitige Beleuchtung akustische Druckwellen entstehen: Wenn Elektronen aus Störstellen unter Beleuchtung angeregt werden, so bewegen sich diese im Mittel um eine photovoltaische Länge P_pv entlang der Vorzugsrichtung des Kristalls ($\vec{c}$-Achse) [90]. Die Ursache dieses Effekts, der nichts mit der üblichen PN-Photovoltaik zu tun hat, liegt darin, dass die Störstellen an asymmetrischen Gitterpositionen lokalisiert sind und angeregte Ladungsträger asymmetrische Potentiale vorfinden, welche die Ladungsträger dann beschleunigen [91]. Durch diese Verschiebung entstehen Raumladungsfelder, die über den piezoelektrischen Effekt zu einer Verspannung im beleuchteten Bereich führen. Aufgrund der Verspannung kommt es zu Druckdifferenzen und folglich zur Erzeugung einer akustischen Druckwelle.

Die Gesamtladung der photoangeregten Ladungsträger durch eine pulsartige Beleuchtung ist gegeben durch

$$Q_{\mathrm{gesamt}} = \frac{E_{\mathrm{puls}} \alpha l}{E_{\mathrm{photon}}} e, \tag{2.35}$$

wobei E_photon die Photonenergie und e die Elementarladung bezeichnet. Bei einer Anregung aus photorefraktiven Zentren werden die Elektronen im Mittel um eine photovoltaische Länge P_pv entlang der $\vec{c}$-Achse verschoben. Dabei bleibt der größte Teil des beleuchteten Volumens elektrisch neutral; nur an den Rändern des beleuchteten Bereichs entsteht ein Überschuss bzw. Mangel an Ladung, entsprechend der Kontinuitätsgleichung. Es gilt

$$Q_{\mathrm{eff}} = Q_{\mathrm{gesamt}} \frac{V_{\mathrm{geladen}}}{V_{\mathrm{gesamt}}}, \quad V_{\mathrm{gesamt}} = \pi R_\mathrm{f}^2 l, \quad V_{\mathrm{geladen}} = 2 R_\mathrm{f} P_{\mathrm{pv}} l, \tag{2.36}$$

wobei Q_eff die Ladungsträger, die zum Aufbau eines elektrischen Feldes beitragen, und Q_gesamt die insgesamt angeregten Ladungsträger bezeichnen. Außerdem ist V_gesamt das gesamte beleuchtete Volumen und V_geladen das Volumen, welches nichtneutralisierte Ladungsträger besitzt. Das resultierende elektrische Feld ist gegeben durch

$$\left|\vec{E}_{\mathrm{el}}\right| = \frac{E_{\mathrm{puls}}\alpha e P_{\mathrm{pv}}}{E_{\mathrm{photon}}\pi\epsilon_0\epsilon_r R_{\mathrm{f}}^2}. \tag{2.37}$$

Dies bewirkt eine Deformation und Verspannung aufgrund des Piezoeffekts

$$p = c^{\mathrm{E}}\frac{\Delta R_{\mathrm{f}}}{R_{\mathrm{f}}} = c^{\mathrm{E}}d_{\mathrm{piezo}}\left|\vec{E}_{\mathrm{el}}\right| \quad \Rightarrow \quad p(R_{\mathrm{f}}) = c^{\mathrm{E}}\frac{E_{\mathrm{puls}}\alpha e P_{\mathrm{pv}}d_{\mathrm{piezo}}}{E_{\mathrm{photon}}\pi\epsilon_0\epsilon_r R_{\mathrm{f}}^2}, \tag{2.38}$$

wobei d_{piezo} den inversen piezoelektrischen Koeffizienten bezeichnet und c^{E} das Elastizitätsmodul.

Mit $R_{\mathrm{f}} = 1$ mm, $E_{\mathrm{puls}} = 1$ mJ, $E_{\mathrm{photon}} = 2{,}5$ eV und typischen Materialparameter von $LiNbO_3$-Kristallen $P_{\mathrm{pv}} = 5 \times 10^{-10}$ m, $d_{33} = 7{,}5$ pm/V, $\alpha = 0{,}01\ \mathrm{cm}^{-1}$, $c^{\mathrm{E}} = 2 \times 10^{11}\ \mathrm{N/m^2}$ und $\epsilon_r \approx 23$ [25, 43] erhält man $\left|\vec{E}_{\mathrm{el}}\right| \approx 0{,}3$ kV/m und $p(R_{\mathrm{f}}) \approx 0{,}5$ kPa. Vergleicht man dies mit dem photoakustisch erzeugten Druck aus (2.11) mit gleichen Parametern und dem thermische Ausdehnungskoeffizient $\beta_{\mathrm{th}} \approx 10^{-5}\ \mathrm{K}^{-1}$, der spezifische Wärmekapazität durch $c_p = 0{,}65$ J/gK und der Dichte durch $\rho = 4{,}6 \times 10^6\ \mathrm{g/m^3}$ [43], so erhält man $p(R_{\mathrm{f}}) \approx 0{,}3$ kPa.

Hier ist zu beachten, dass im Unterschied zu den vorher betrachteten Effekten die Amplitude des volumenphotovoltaischen Piezodrucks proportional zum Absorptionskoeffizienten ist. Aufgrund des Effekts kommt es daher zu einer erhöhten Effizienz bei der Erzeugung photoakustischer Druckwellen. Der Effekt ist jedoch auf die Wellenlängenbereiche beschränkt, in denen durch Absorption hauptsächlich Ladungsträger aus photorefraktiven Zentren ins Leitungsband angeregt werden.

Die Amplitude des photovoltaischen Piezodrucks ist nicht isotrop, die Abschätzung gilt nur entlang der kristallographischen $\vec{c}$-Achse. Entlang der anderen Kristallachsen ist die Druckamplitude mehr als eine Größenordnung kleiner. Die Amplitude des Effekts ist zeitabhängig, sie nimmt bei Sättigung des Raumladungsfeldes ab.

2.3 Andere Absorptionsmessverfahren

In diesem Abschnitt werden weitere Techniken beschrieben, mit denen es möglich ist, Absorptionskoeffizienten zu messen.

2.3.1 Transmissionsspektrometer

Transmissionsspektrometer messen wellenlängenabhängig den Transmissionsgrad $T = P_{\mathrm{trans}}/P_{\mathrm{ein}}$ einer Probe. Wenn der Brechungsindex n und die optische Weglänge durch die Probe l bekannt sind, lässt sich aus dem Transmissionsgrad T der

Extinktionskoeffizient κ bestimmen, der unter Vernachlässigung der Lichtstreuung und Oberflächenabsorption gleich dem Absorptionskoeffizienten α ist [48],

$$\alpha \approx \kappa = -\frac{1}{l} \ln \left(\sqrt{\left(\frac{(1-R_{\mathrm{re}})^2}{2TR_{\mathrm{re}}^2} \right)^2 + \frac{1}{R_{\mathrm{re}}^2}} - \frac{(1-R_{\mathrm{re}})^2}{2TR_{\mathrm{re}}^2} \right), \tag{2.39}$$

wobei sich der Reflexionsgrad R_{re} aufgrund von Fresnel-Reflexion durch (2.2) bestimmen lässt. In (2.39) sind zwar Mehrfachreflexionen jedoch keine Fabry-Pérot-Interferenzeffekte berücksichtigt. Die Berücksichtigung von Interferenzen kann eine erhebliche Herausforderung darstellen und – je nach Transparenz der Probe – die Nachweisgrenze der Methode einschränken.

Da der Absorptionskoeffizient aus der Differenz der gemessenen Transmission zu voller Transmission bestimmt wird, ist eine Messung kleiner Absorptionskoeffizienten herausfordernd. Zudem ist eine experimentelle Trennung zwischen Extinktion durch Absorption und durch andere Lichtverlustmechanismen nicht möglich, sie muss mit Hilfe der Materialparameter abgeschätzt werden. Die Nachweisgrenze der Methode hängt von der Weglänge l des Lichts im Medium ab, sie sinkt mit steigender Probenlänge. Der erreichte relative Messfehler beträgt $\alpha_{\mathrm{min}} \approx 10^{-3}/l$ [23], der absolute Messfehler – begrenzt durch eine nicht perfekte Fresnel-Korrektur – liegt etwa eine Größenordnung über dem Wert.

Gitterspektrometer

Mit Gitterspektrometern werden Absorptionsspektren gemessen, indem der Transmissionsgrad sequentiell für verschiedene Wellenlängen bestimmt wird. Licht einer bestimmten Wellenlänge wird technisch mit Hilfe spektral breiter Lampen und optischen Gittern erzeugt, siehe Abb. 2.12. Mit einer Blende werden die gewünschten Wellenlängenbereiche selektiert. Der Transmissionsgrad wird in der Regel mit Hilfe zweier Photodioden bestimmt. Eine drehende verspiegelte Schlitzscheibe lenkt das Licht abwechselnd in den Proben- und in den Referenzarm. Für diese Arbeit wird ein Varian Cary 500 Gitterspektrometer verwendet. Es erlaubt die Messung der Lichtextinktion im Wellenlängenbereich 175 – 3300 nm.

Fourier-Transformations-Infrarot-Spektrometer

Fourier-Transformations-Infrarot-Spektroskopie (FTIR-Spektroskopie) bietet die Möglichkeit, Extinktionskoeffizienten einer Probe im längerwelligen Spektralbereich zu messen. Für das Messverfahren wird eine Lichtquelle verwendet, die ein breites kontinuierliches Emissionsspektrum im infraroten Spektralbereich besitzt. Die Methode beruht auf der Nutzung eines Interferometers mit veränderbaren optischen Weglängen, Abb. 2.13. Hierdurch ergibt sich ein alternierendes Interferenzmuster im Ausgang des Interferometers, wodurch Licht verschiedener Wellenlänge mit unterschiedlicher Modulationsfrequenz kodiert wird. Mit Hilfe

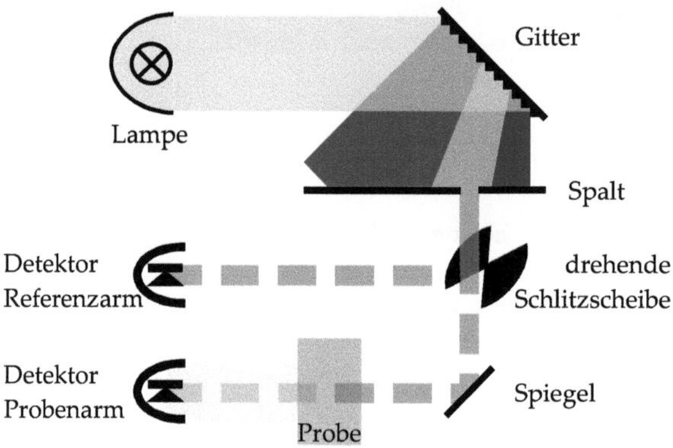

Abbildung 2.12: *Prinzip eines Gitterspektrometers: Mit einem optischen Gitter und einem Spalt wird Licht unterschiedlicher Wellenlänge selektiert. Zwei äquivalente Lichtarme ermöglichen Messungen in unterschiedlichen Konfigurationen.*

einer Fourier-Transformation des Messsignals beim Durchfahren des Spiegels lässt sich so die transmittierte Leistung P_{trans} wellenlängenaufgelöst messen. Das Verhältnis $T = P_{\mathrm{trans}}/P_{\mathrm{ein}}$ wird bestimmt, indem man nacheinander eine Messung mit und ohne Probe durchführt. Für diese Arbeit wird ein Bruker IFS 66 v/s FTIR-Spektrometer verwendet.

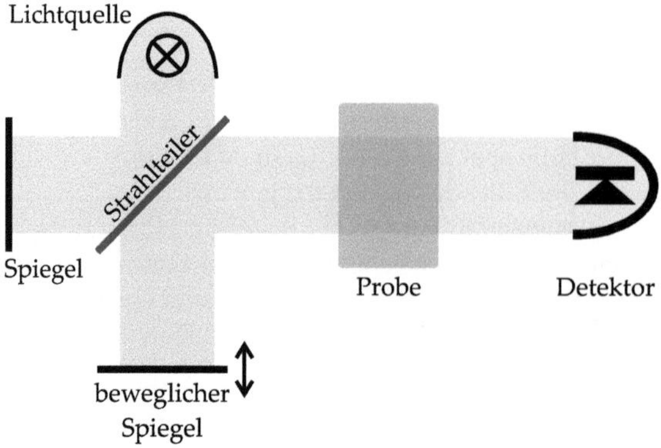

Abbildung 2.13: *Aufbau eines FTIR-Spektrometers: Die IR-Strahlung der Lichtquelle wird mit Hilfe eines variablen Michelson-Interferometers für verschiedene Wellenlängen zeitabhängig moduliert und frequenzkodiert. Dieses Licht durchleuchtet eine Probe und wird mit einem Detektor gemessen. Eine Fourier-Transformation des Messsignals erlaubt die Bestimmung des Transmissionsgrades für die verschiedenen Wellenlängen.*

2.3.2 Laserkalorimetrie

Weder FTIR- noch Gitterspektrometer erlauben es, in Proben üblicher Größe Absorptionskoeffizienten kleiner 10^{-3} cm^{-1} zuverlässig zu bestimmen. Die Laserkalorimetrie ist die ISO-zertifizierte Methode zur Messung kleiner Absorptionskoeffizienten in Festkörpern [28]. Bei diesem Verfahren wird die Temperaturänderung einer Probe unter Beleuchtung mit einem intensiven Laserstrahl gemessen und damit der Wärmeeintrag in der Probe bestimmt, siehe Abb. 2.14.

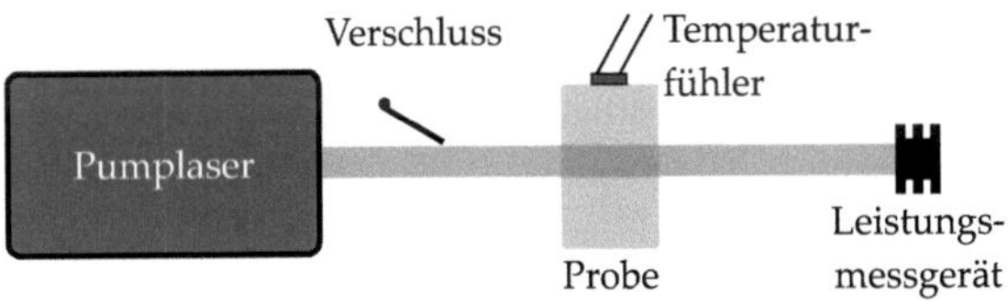

Abbildung 2.14: *Prinzip der Laserkalorimetrie: Ein leistungsstarker Anregungslaser durchleuchtet die zu untersuchende Probe. Aufgrund von Absorption findet ein Wärmeeintrag in der Probe statt. Die Temperatur der Probe wird gemessen.*

Für Materialien mit großer thermischer Leitfähigkeit λ_W kann der Wärmeeintrag, bzw. die Verlustleistung $(\text{ca. } P_{\text{pump}}\alpha l)$, direkt aus dem Temperaturanstieg berechnet werden, wenn sowohl die spezifischen Wärmekapazitäten als auch die Massen der Probe, des Probenhalters und des Temperaturfühlers bekannt sind. Für Materialien mit geringer thermischer Leitfähigkeit λ_W und zur Überprüfung der Kalibrierung wird ein Korrekturfaktor experimentell bestimmt. Dies kann auf drei Weisen erfolgen [28]:

- Anhand einer Messung an einer Referenzprobe, deren Absorptionskoeffizient bekannt ist und die überdies aus dem gleichen Material besteht und die gleiche Geometrie besitzt wie die zu untersuchende Probe.

- Anhand einer Messung an einer Referenzprobe des gleichen Materials und gleicher Geometrie, die mit einer absorbierenden Beschichtung versehen ist, deren Transmissionsgrad mit einem herkömmlichen Verfahren bestimmt werden kann.

- Mit Hilfe eines elektrischen Heizwiderstandes, der eine gute thermische Kopplung zu einer Referenzprobe besitzt, die aus dem gleichen Material ist und welche die gleiche Geometrie besitzt wie die zu untersuchende Probe. Die Position und Größe des Heizwiderstandes auf der Probe sollte der des Laserstrahls entsprechen.

Der Absorptionskoeffizient der Probe ist proportional zum Verhältnis aus Wärmeeintrag und eingestrahlter Lichtleistung. Die Messempfindlichkeit der Methode hängt daher im Wesentlichen von der verfügbaren Anregungslaserleistung ab, sie ist in der Größenordnung $\alpha_{\text{min}} = 10^{-4}\ \text{W/cm} / P_{\text{pump}}$ [16, 29].

Die Messung eines Absorptionsspektrums mit dieser Methode ist zwar möglich, jedoch fehlen hierfür die benötigten durchstimmbaren Pumpquellen mit mehreren zehn bis hundert Watt Ausgangsleistung.

2.3.3 Detektion thermischer Linsen

Ein Wärmeeintrag durch Lichtabsorption lässt sich mit Hilfe des thermooptischen Effekts anhand Brechungsindexänderungen nachweisen: Die Absorption von Licht eines Anregungslaserstrahls führt zu einer lokalen Erwärmung der durchleuchteten Probe. Aufgrund des thermooptischen Effekts hat dies eine Veränderung des Brechungsindex proportional zur Temperaturänderung zur Folge. Im durchleuchteten Volumen bildet sich so eine thermische Linse, seitlich davon ein Brechungsindexgradient.

Die Stärke des Effekts lässt sich optisch auf verschiedene Weisen messen. Eine Möglichkeit ist, mit einem zweiten, schwächeren Testlaserstrahl das Medium leicht versetzt und orthogonal zum Anregungslaserstrahl zu durchleuchten. Die Ausbildung des Brechungsindexgradienten bewirkt eine Ablenkung des Testlaserstrahls („Laser-Induced Deflection"). Nach einer Kalibrierung kann aus der Ablenkung der Wärmeeintrag im Medium bestimmt werden. Die erreichte Messempfindlichkeit der Methode hängt von der verfügbaren Anregungslaserleistung P_{pump} und von Materialparametern ab, sie liegt im Bereich $\alpha_{\text{min}} \approx (10^{-4} \ldots 10^{-5})\ \text{W/cm} / P_{\text{pump}}$ [17].

Die Kalibrierung kann mit einem Heizwiderstand erfolgen, da Testlaser- und Anregungslaserstrahl keinen räumlichen Überlapp aufweisen. Zur Kalibrierung der Messung von Oberflächenabsorption geschieht dies – analog zur Laserkalorimetrie – mit einem auf der Probenoberfläche angebrachten elektrischen Heizwiderstand, dessen Größe und Position der des Anregungslaserstrahls entspricht. Für die Kalibrierung zur Bestimmung der Volumenabsorption muss ein Heizdraht in eine Referenzprobe – des gleichen Materials und der gleicher Geometrie wie die zu untersuchende Probe – eingebracht werden [92]. Mit der Kenntnis der Anregungsleistung lässt sich anschließend der Absorptionskoeffizient aus dem Wärmeeintrag berechnen [17, 31, 92].

Die erzeugte thermische Linse lässt sich detektieren, indem das durchleuchtete Volumen kollinear oder unter einem kleinen Winkel mit einem zweiten schwächeren Testlaserstrahl durchleuchtet wird, Abb. 2.15. Die dadurch entstehende Wellenfrontdeformation des transmittierten Testlaserstrahls kann mit einem Hartmann-Shack-Sensor vermessen [30, 93] oder über die entstehenden Interferenzmuster mit Hilfe einer speziellen Abbildungsoptik detektiert werden [26, 94, 95]. Die Messempfindlichkeit der Methode hängt ebenfalls von der verfügbaren Anregungslaserleistung P_{pump} und von Materialparametern der untersuchten Probe ab, sie ist im Bereich $\alpha_{\text{min}} \approx 10^{-4}\ \text{W/cm} / P_{\text{pump}}$ [30] bzw. $\alpha_{\text{min}} \approx 10^{-5}\ \text{W/cm} / P_{\text{pump}}$ [96]. Eine Kalibrierung des Messverfahrens ist mit Referenzproben möglich, wobei der Kalibrierungskoeffizient für das untersuchte Material unter Berücksichtigung der Materialparameter berechnet werden muss.

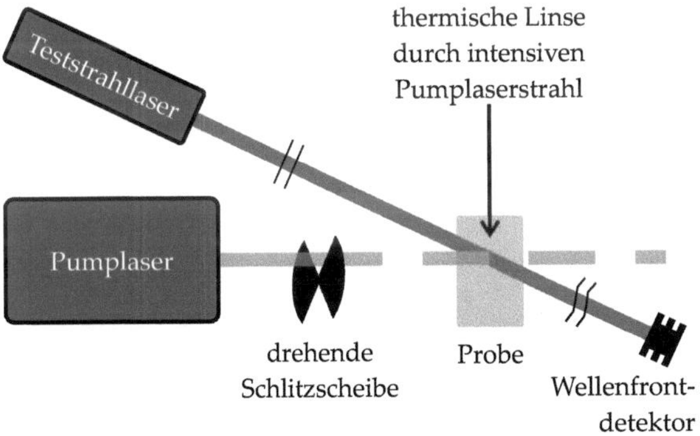

Abbildung 2.15: *Ein schmal fokussierter Anregungslaserstrahl induziert eine thermische Linse im Zentrum eines größeren und schwächeren Testlaserstrahls. Die Verzerrung der Wellenfront erlaubt eine Abschätzung des Wärmeeintrags und somit der absorbierten Lichtleistung.*

3 Kapitel Aufbau photoakustisches Spektrometer

Dieses Kapitel widmet sich dem experimentellen Aufbau des photoakustischen Spektrometers. Der erste Abschnitt stellt das Pulslasersystem dar, welches zur Erzeugung durchstimmbaren Anregungslichts eingesetzt wird. Es folgt eine Beschreibung des Aufbaus zur Detektion der photoakustischen Druckwellen. Abschließend sind der Gesamtaufbau und die technische Realisierung der Messungen dargestellt.

3.1 Lichtquelle

Die verwendete Lichtquelle bestimmt maßgeblich die Leistungsfähigkeit eines photoakustischen Spektrometers, so ist beispielsweise die Amplitude der photoakustischen Druckwelle proportional zur Lichtpulsenergie E_{puls} (2.11) und der spektrale Messbereich wird durch die Durchstimmbarkeit festgelegt. In diesem Abschnitt werden die Komponenten des Pulslasersystems dargestellt. Die Leistungsfähigkeit des Systems ist in Kap. 4.2 beschrieben.

3.1.1 Nanosekundenpulslaser

Zur effizienten Erzeugung photoakustischer Druckwellen wird gepulstes Licht benötigt, wobei die Pulsdauer im Bereich der Ausbreitungszeit der akustischen Welle durch den Laserstrahl (ca. 100 ns) liegen sollte. Eine deutlich längere Pulsdauer führt zu einer weniger effizienten Erzeugung photoakustischer Druckwellen; eine deutlich kürzere Pulsdauer hat bei gleicher Pulsenergie höhere Lichtintensitäten und damit unerwünschte nichtlineare Effekte zur Folge.

In dieser Arbeit wird ein blitzlampengepumpter und gütegeschalteter Nd:YAG-Nanosekundenpulslaser (Spectra-Physics, Quanta-Ray Pro-250-10) verwendet. Die Grundwellenlänge des Lasers ist 1064 nm, die maximale Pulsenergie beträgt 1,5 J bei einer Repetitionsrate von 10 Hz. Abgesehen von der Grundwellenlänge werden mit Hilfe optisch nichtlinearer Kristalle die zweite Harmonische (532 nm, $E_{\text{puls}}^{\text{max}} = 0{,}8$ J) und die dritte Harmonische (355 nm, $E_{\text{puls}}^{\text{max}} = 0{,}4$ J) erzeugt. Die Laserpulsdauer beträgt ca. $\tau_{1064\,\text{nm}} = 10$ ns für die Grundwellenlänge und $\tau_{532\,\text{nm}} = 8$ ns, bzw. $\tau_{355\,\text{nm}} = 7$ ns für die zweite und dritte Harmonische.

3.1.2 Optisch parametrischer Oszillator

Mit Hilfe der photoakustischen Messungen ist eine Bestimmung des Absorptionskoeffizienten der Probe bei der Anregungswellenlänge möglich. Um Absorptionskoeffizienten in einem breiten Wellenlängenbereich zu messen, wird ein optisch parametrischer Oszillator (OPO, GWU-Lasertechnik, Versa-Scan 450/MB) verwendet, siehe Abb. 3.1, der durchstimmbare Lichtpulse erzeugt. Dieser wird mit der dritten Harmonischen des Nanosekundenpulslasers (355 nm) gepumpt. Die entstehenden Lichtwellen werden Signal- und Idlerlicht bezeichnet, wobei $\lambda^{\text{Signal}} \leq \lambda^{\text{Idler}}$ gilt [12]. Die Phasenanpassung im optisch nichtlinearen Kristall des OPOs bestimmt die erzeugten Wellenlängen. Durch Drehen des Kristalls kann die Wellenlänge des Signallichts im Bereich 406 – 710 nm und die des Idlerlichts im Bereich 710 – 2500 nm eingestellt werden. Der Drehwinkel für die gewünschte Signal- bzw. Idlerwellenlänge wird im Ansteuerprogramm des OPOs errechnet und mit einem Motor angefahren. Der Fehler liegt – abhängig von der Emissionswellenlänge – bei $\Delta\lambda \approx 3$ nm, da keine aktive Wellenlängenkontrolle verwendet wird. Die relative Unsicherheit der Wellenlänge ist durch die vom Hersteller angegebene Linienbreite 4 – 7 cm^{-1} begrenzt.

Da eine Phasenanpassung Typ II erfolgt, sind Signal- und Idlerwelle linear und zueinander senkrecht polarisiert. Das elektrische Feld der Signalwelle zeigt senkrecht zur Ebene des optischen Tischs.

3.1.3 Frequenzverdopplereinheit

Eine Erweiterung in den ultravioletten Wellenlängenbereich erfolgt mit einer Frequenzverdopplereinheit (GWU-Lasertechnik, UV-Scan). Durch die Verdopplung der Signalwelle werden Photonen im Wellenlängenbereich 212 – 355 nm erzeugt. Eine Verdopplung der Idlerwelle schließt die Lücke zwischen 355 und 406 nm.

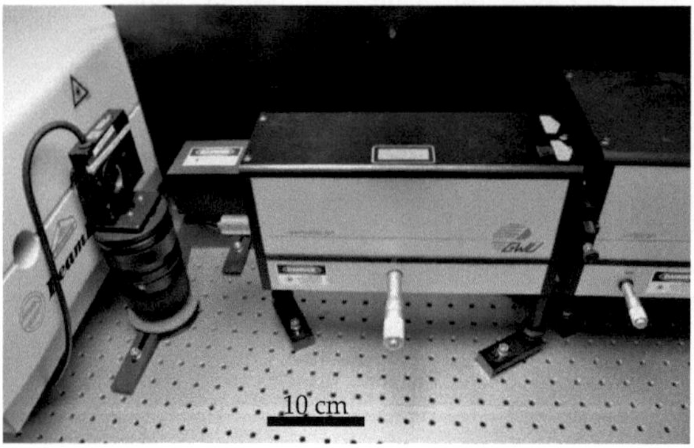

Abbildung 3.1: *Der optisch parametrische Oszillator ist zwischen dem ns-Pumplaser, linker Rand, und einer Frequenzverdopplereinheit, rechte Seite eingebaut. Zwischen dem Ausgang des Pumplasers und dem Eingang des OPOs befindet sich eine $\lambda/2$-Platte zur Steuerung der Konversionseffizienz im OPO.*

Für die Frequenzverdopplung der Signal- und Idlerwellen wird die Phasenanpassung des Typs I verwendet, die Polarisation des frequenzverdoppelten Lichts steht daher senkrecht zur Polarisation des Signallichts.

3.2 Akustische Detektion

Die Detektionseinheit zum Nachweis der photoakustisch erzeugten Wellen stellt eine weitere elementare Komponente des photoakustischen Spektrometers dar. Dieser Abschnitt beschreibt die verwendete Hard- und Software zur Bestimmung der photoakustischen Druckamplitude.

3.2.1 Ankopplung

Die in der Probe erzeugten photoakustischen Wellen können auf verschiedene Weisen detektiert werden. In dieser Arbeit wird ein Piezosensor verwendet, der im direkten Kontakt mit der zu untersuchenden Probe ist. Der Vorteil ist die effiziente Kopplung der akustischen Wellen aus der Probe in den Piezosensor.

Bei sehr kleinen Proben ist eine direkte Montage der Probe auf dem Piezosensor ungünstig, da die Messungen in diesem Fall einen großen Einfluss des Streulichts besitzen, welches den Piezosensor trifft und zusätzliche Signale erzeugt. Um Streulicht zu vermeiden, können akustische Wellenleiter eingesetzt werden. Hierdurch wird einerseits die Streulichtmenge, die den Piezosensor trifft, minimiert, andererseits wird die Ankunft der photoakustischen Druckwelle am Piezosensor verzögert. Dadurch ist eine bessere Trennung zwischen dem reinen photoakustischen Anteil und Störeffekten möglich, die ein quasi instantanes Signal erzeugen, beispielsweise elektrische Störsignale der Pulslasergüteschaltung oder Streulicht. Ein Nachteil der Benutzung akustischer Wellenleiter ist die nicht perfekte akustische Kopplung zwischen Probe und Wellenleiter. Beim Übergang wird ein Teil der akustischen Welle reflektiert und gelingt nicht zum Piezosensor, siehe Kap. 2.2.3.

Bei der akustischen Kopplung zwischen Probe, ggf. akustischem Wellenleiter und Piezosensor ist der Typ der akustischen Wellen zu beachten, siehe Kap. 2.2.3. Bei der photoakustischen Anregung mit zylindrischen Anregungsstrahlen in nahezu transparenten Medien werden hauptsächlich longitudinale Druckwellen bzw. symmetrische Lamb-Wellen erzeugt. In Abb. 3.2 ist die verwendete Ankopplungsgeometrie dargestellt.

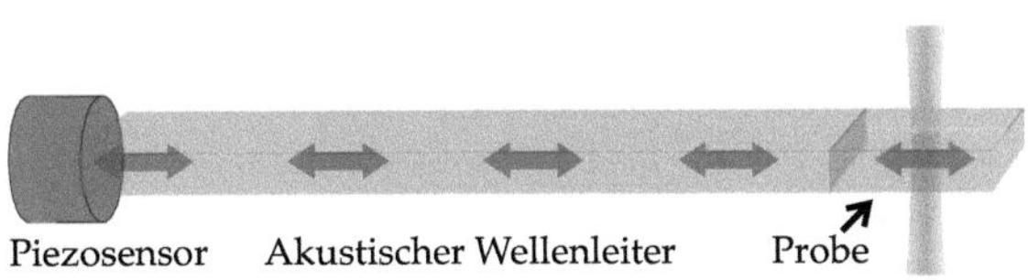

Abbildung 3.2: *Ankopplung mit akustischem Wellenleiter zur Detektion longitudinaler Druckwellen bzw. symmetrischer Lamb-Wellen.*

Zur Verbesserung der akustischen Kopplung wird eine dünne Schicht Glycerin zwischen die Oberflächen der Probe, des Piezosensors und des Wellenleiters aufgetragen. Glycerin besitzt eine für Flüssigkeiten sehr hohe Schallgeschwindigkeit ($v_{\text{glycerin}} = 1904$ m/s), es erhöht die akustische Kopplung und verbessert die Reproduzierbarkeit der Ankopplung.

3.2.2 Piezosensor

Für die Detektion photoakustisch erzeugter Schallwellen wird ein kommerziell erhältlicher Piezodrucksensor (132A35) mit Auslesegerät (482A21_J, beide von PCB) verwendet. Der Sensor besteht aus einem Blei-Zirkonat-Titanat-Kristall (PZT), der in einem Stahlgehäuse eingelassen und elektrisch kontaktiert ist. Das Stahlgehäuse ist zylinderförmig und besitzt einen Durchmesser von 3 mm. Die Empfindlichkeit des Piezosensors beträgt $s_{\text{piezo}} = 20$ mV/kPa. Die Resonanzfrequenz wird mit ≥ 1 MHz angegeben.

Die Probe wird manuell auf den Piezosensor gedrückt und mit zwei Plastikschrauben fixiert, siehe Abb. 3.3. Die Koppeleffizienz zwischen Probe und Piezosensor lässt sich nicht analytisch mit (2.14) bestimmen, da das PZT-Piezoelement, $v_{\text{PZT}} = 4500$ m/s [97], in ein dünnes Stahlgehäuse eingebaut ist, $v_{\text{Stahl}} = 5825$ m/s [98].

Abbildung 3.3: *Probenhalterung: Die zu untersuchende Probe steht auf dem Piezosensor (runder Teller unterhalb der Probe), sie wird mit zwei Plastikschrauben seitlich gehaltert. Die Strahlachse des Laserstrahls ist schematisch eingezeichnet.*

3.2.3 Signalfilterung und Auswertung

Das elektrische Signal des Piezosensors wird mit einem Spannungsverstärker (Femto HVA-10M-60-F) nachverstärkt und mit einem passiven Bandpassfilter, 0,3 – 12 MHz, bereinigt. Ein Oszilloskop (LeCroy Wavemaster 8300A) liest das so gewonnene Signal aus. Ein typisches Piezosignal S_{piezo} einer $LiNbO_3$-Probe ist in Abb. 3.4 dargestellt. Nach einer Verzögerungszeit, die durch die Schallgeschwindigkeit v und den

Abstand r bestimmt ist, erreicht die photoakustische Druckwelle den Piezosensor und regt diesen zum Schwingen an. Es folgen die Signale diverser Reflexionen der photoakustischen Druckwelle von den Rändern der untersuchten Probe, die den Piezo erreichen und ein komplexes Signal erzeugen. Die entscheidende Information, die Amplitude der photoakustischen Druckwelle, ist in der maximalen Spannung des ersten Ausschlags enthalten, diese ist definiert als die photoakustische Spannung U_{PhAk}.

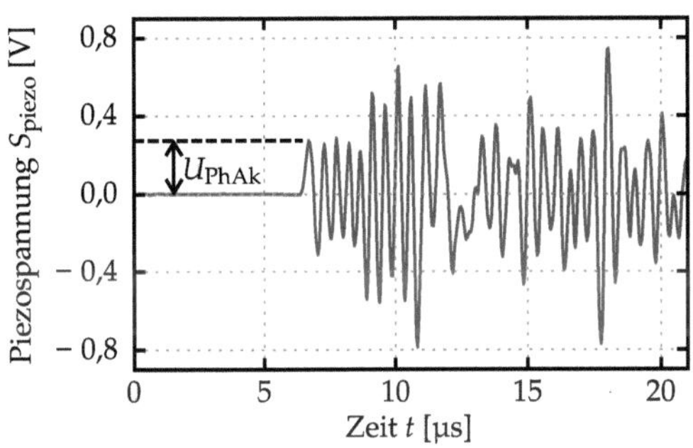

Abbildung 3.4: *Typisches Messsignal des Piezosensors nach einer photoakustischen Anregung bei $t = 0$.*

Der Verlauf des Signals $S_{\text{piezo}}(t)$ hängt von der Geometrie der Probe, dem Ort der Anregung und der Position des Piezosensors ab. Die qualitative Form des photoakustischen Signals ist unabhängig von der Amplitude und daher für jeden Probeneinbau konstant, solange der Anregungsort der gleiche ist. Dies wird genutzt, um mit einem Korrelationsverfahren die Signalqualität zu steigern. Die Funktionsweise ähnelt der eines Optimalfilters: Bei einer Wellenlänge, für welche die Probe relativ viel Licht absorbiert, wird ein verhältnismäßig großes und rauscharmes photoakustisches Signal gemessen und im Oszilloskop als Referenzsignal $R(t)$ gespeichert. Dieses soll das reine photoakustische Signal darstellen und einen möglichst kleinen Anteil an zusätzlichen Signalen bzw. Rauschen besitzen. Das Referenzsignal $R(t)$ wird anschießend für eine Korrelation verwendet, um aus verrauschten Messsignalen $S_{\text{piezo}}(t)$ den reinen photoakustischen Anteil zu extrahieren, mit

$$U_{\text{PhAk}}^{\text{kor}} = U_{\text{PhAk}}^{R} \frac{\int S_{\text{piezo}}(t) R(t) \mathrm{d}t}{\int R(t) R(t) \mathrm{d}t}, \tag{3.1}$$

wobei $U_{\text{PhAk}}^{\text{kor}}$ die photoakustische Spannung des korrelierten Signals ist, sie wird als korreliertes photoakustisches Signal bezeichnet. Der Wert U_{PhAk}^{R} ist die maximale Spannung des ersten Ausschlags des Referenzsignals $R(t)$ und t bezeichnet die Zeit, die mit der Beleuchtung der Probe bei $t = 0$ startet. Das Integral beginnt typischerweise mit der Ankunft der photoakustischen Welle am Piezosensor – der Verzögerungszeit τ_{verz} – und endet bei $t = 50\ \mu$s.

Da das Oszilloskop das analoge Messsignal digitalisiert, sind $S_{\text{piezo}}(t)$ und $R(t)$ diskret; die Abtastrate beträgt 25 MHz. Aus diesem Grund wird das Integral aus (3.1) durch ein Summe – ähnlich einem Skalarprodukt – ersetzt

$$U_{\text{PhAk}}^{\text{kor}} = U_{\text{PhAk}}^{R} \frac{\sum_{\text{i}} S_{\text{piezo}}(t_{\text{i}}) R(t_{\text{i}})}{\sum_{\text{i}} R(t_{\text{i}}) R(t_{\text{i}})} = U_{\text{PhAk}}^{R} \frac{< R, S_{\text{piezo}} >}{< R, R >}. \tag{3.2}$$

Die Operationen werden während der Messung vom Oszilloskop in Echtzeit ausgeführt. Der Computer liest die gemessenen Werte $U_{\text{PhAk}}^{\text{kor}}$ und U_{PhAk} aus.

3.2.4 Streulicht

Aufgrund einer nicht perfekten Reinheit der Probe und wegen elementarer Streuprozesse, siehe Kap. 2.1.1, wird ein Teil des Anregungslichts zum Piezosensor gestreut. Über den photoakustischen Effekt auf der Oberfläche des Piezosensors kommt es so stets zu einem zusätzlichen Signal. Im Gegensatz zum reinen photoakustischen Signal startet dieser Anteil quasi instantan mit der Beleuchtung. Die Amplitude des Streulichtsignals ist in der Regel klein, sie kann ähnlich wie das reine photoakustische Signal mit einem Korrelationsverfahren aus dem Messsignal extrahiert werden. Hierfür wird vor der Messung mit einem zusätzlichen Spiegel, der vorrübergehend vor der Probe angebracht wird, das abgeschwächte Anregungslicht direkt auf den Piezosensor gelenkt. Da das zusätzliche Streulichtsignal durch den photoakustischen Effekt im Piezosensor entsteht, ist dieses unabhängig von der Streugeometrie. Auf diese Weise wird ein sehr ausgeprägtes Streulichtsignal gemessen und als Referenz R_{streu} gespeichert. Aus einem Signal $S_{\text{piezo}}(t)$ mit einem kleinen Streulichtanteil kann dieser analog zu (3.2) aus

$$U_{\text{streu}}^{\text{kor}} = U_{\text{streu}}^{R} \frac{< R_{\text{streu}}, S >}{< R_{\text{streu}}, R_{\text{streu}} >}. \tag{3.3}$$

bestimmt werden, wobei U_{streu}^{R} die maximale Spannung des ersten Ausschlags des Streulichtreferenzsignals ist.

Wenn das Streulichtsignal R_{streu} eine Korrelation zur photoakustischen Referenz R aufweist, so gilt $< R, R_{\text{streu}} > \neq 0$. Das Fenster für die Korrelation (3.2), d. h. der Integrationsbereich, wird idealerweise so eingestellt, dass das Verhältnis $< R, R >$ / $< R, R_{\text{streu}} >$ maximal ist. Der verbleibende Streulichtanteil am korrelierten photoakustischen Signal wird für die Berechnung des bereinigten photoakustischen Signals

$$U_{\text{PhAk}}^{\text{ber}} = U_{\text{PhAk}}^{R} \left(\frac{< R, S >}{< R, R >} - \frac{< R, R_{\text{streu}} >}{< R, R >} \frac{< R_{\text{streu}}, S >}{< R_{\text{streu}}, R_{\text{streu}} >} \right). \tag{3.4}$$

bestimmt und abgezogen.

3.3 Optischer Aufbau

Dieser Abschnitt beschreibt den optischen Aufbau des photoakustischen Spektrometers und den computergesteuerten Messalgorithmus. Zudem werden weitere optische Aufbauten zur Charakterisierung der photoakustisch erzeugten Schallwellen dargestellt.

3.3.1 Experimente bei einzelnen Wellenlängen

Die Abhängigkeit der Druckamplitude photoakustischer Wellen vom Strahlradius R_f ist in (2.11) gegeben. In Abb. 3.5 ist ein optischer Aufbau gezeigt, der es erlaubt, den Strahldurchmesser am Ort der Probe R_f zu variieren.

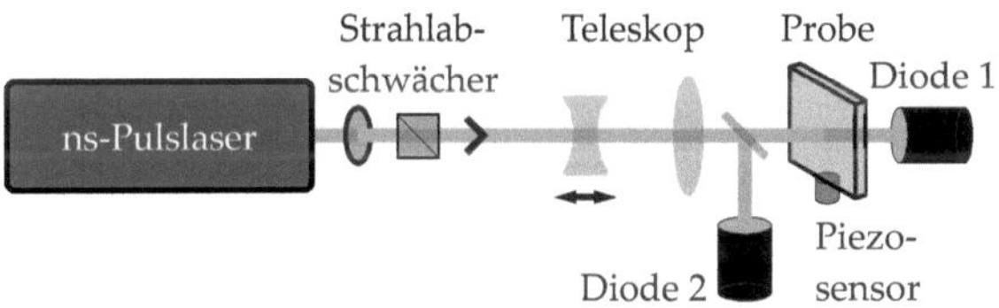

Abbildung 3.5: *Optischer Aufbau zur Variation des Strahldurchmessers.*

Abgesehen von der Variation des Strahldurchmessers kann mit dem dargestellten Aufbau die Pulsenergie sowohl vor und als auch hinter der Probe bestimmt werden. Hiermit ist es möglich, den Zweiphotonenabsorptionskoeffizienten β optisch zu messen, siehe Kap. 4.4.3.

3.3.2 Photoakustisches Spektrometer

Der optische Aufbau des photoakustischen Spektrometers ist in Abb. 3.6 dargestellt. Die Polarisation des Pumplichts (355 nm) wird mit einer $\lambda/2$-Platte zwischen Laser und OPO eingestellt. Dies bestimmt die Effizienz des OPO-Prozesses und ermöglicht eine Abschwächung der erzeugten Signal- und Idlerstrahlung. Eine Frequenzverdopplereinheit (SHG), siehe Kap. 3.1.3, erlaubt die Erzeugung ultravioletten Lichts aus der zweiten Harmonischen des Signal- bzw. Idlerlichts. Der Laserstrahl kann über zwei Spiegelsysteme geleitet werden, wobei die in Abb. 3.6 rechts dargestellte Spiegelanordnung die Polarisation des Laserstrahls um 90° dreht. Ein variabler Neutralfilter bietet eine weitere Möglichkeit, die Pulsenergie des Anregungslichts abzuschwächen. Anschließend werden die Anregungspulse mit einem konkaven Spiegel fokussiert, die Brennweite beträgt 250 mm. Die Position und der Winkel der Probe zum Laserstrahl lassen sich frei einstellen. Dies ermöglicht eine Variation des Laserstahldurchmessers R_f am Ort der Probe. Die übliche Position der Probe ist ca. 5 cm hinter dem Fokus des Anregungslaserstrahls, da an diesem Ort die symmetrischste Intensitätsverteilung und ein vorteilhafter Strahldurchmesser $R_f \approx 1$ mm vorliegen.

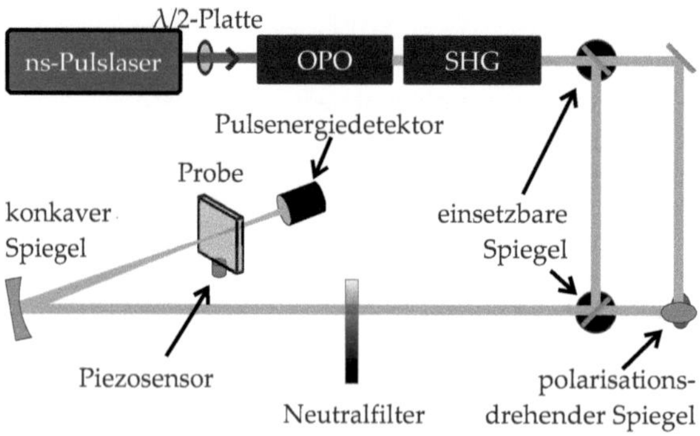

Abbildung 3.6: *Optischer Aufbau des photoakustischen Spektrometers.*

Die Energie der transmittierten Laserpulse wird mit einem pyroelektrischen Pulsenergiedetektor (Newport 818E-03-12-L) gemessen.

Bei der Aufnahme eines Absorptionsspektrums werden nacheinander die Wellenlängen angefahren, bei denen photoakustische Messungen erfolgen. Bei jeder Wellenlänge wird zunächst die Pulsenergie eingestellt. Für Wellenlängen oberhalb 405 nm geschieht dies mit Neutralfiltern, die in den Strahl gefahren werden. Die Neutralfilter sind für ultraviolettes Licht intransparent. Aus diesem Grund wird die Pulsenergie für Wellenlängen unterhalb 405 nm mit der $\lambda/2$-Platte vor dem OPO bestimmt. Nachdem Wellenlänge und Pulsenergie eingestellt sind, beginnt die parallele Messung des photoakustischen Signals und der Pulsenergie, wobei über eine beliebige Anzahl von Pulsen gemittelt wird. Das Oszilloskop bestimmt den Wert aller benötigten Korrelationen, sowie die maximale Spannung des ersten Ausschlags des Referenzsignals U^R_{PhAk}, die maximale Spannung des ersten Ausschlags des Streulichtreferenzsignals U^R_{streu} und die direkt gemessene Spannung des ersten Ausschlags U_{PhAk}. Es übergibt die Werte an den Computer. Der Computer berechnet das korrelierte photoakustische Signal $U^{\text{kor}}_{\text{PhAk}}$ (3.2), die Streulichtintensität $U^{\text{kor}}_{\text{streu}}$ (3.3) und das bereinigte photoakustische Signal $U^{\text{ber}}_{\text{PhAk}}$ (3.4), sowie das normierte photoakustische Signal S_{PhAk}, das nach (2.17) unter Berücksichtigung der Pulsenergiekorrektur (2.21) und Absorptionskorrektur (2.24) proportional zum Absorptionskoeffizienten α ist.

3.3.3 Optische Messung photoakustisch erzeugter Wellen

Akustische Wellen in Festkörpern lassen sich ebenfalls optisch nachweisen. Hierfür wird die Probe neben dem Anregungsstrahl gleichzeitig mit einem schwachen Testlaserstrahl durchleuchtet. Akustische Wellen führen über den elastooptischen Koeffizienten zu einer lokalen Änderung des Brechungsindex n sowie zu einer lokalen Dickenänderung der Probe. Beides bewirkt eine Ablenkung des Testlaserstrahls, welche in weiter Entfernung mit einer Rasierklinge und einer Photodiode gemessen werden kann, siehe Abb. 3.7. Hierfür wird der Testlaserstrahl orthogonal zur Ablenkungsrichtung und zentral zur Hälfte mit einer Rasierklinge geblockt. Das transmittierte Licht wird mit einer Linse auf eine schnelle Photodiode fokussiert.

Mit diesem Aufbau ist es möglich, die hochfrequenten Anteile der photoakustischen Wellen zeitaufgelöst zu messen, die oberhalb der Resonanzfrequenz des Piezosensors liegen. Eine detailliertere Beschreibung der Methode ist in [99] gegeben.

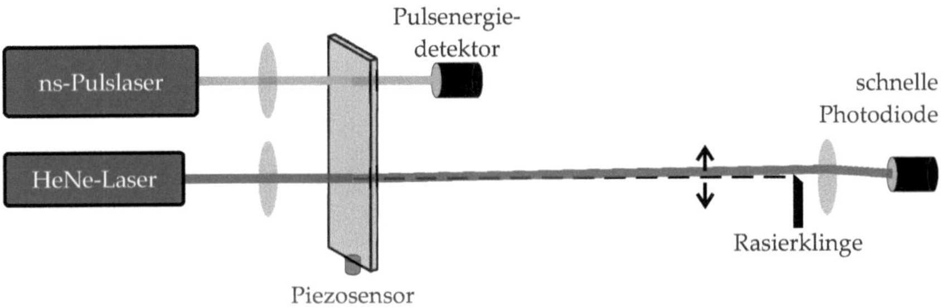

Abbildung 3.7: *Optische Detektion photoakustischer Wellen: Ein Testlaserstrahl durchleuchtet die Probe zwischen Anregungsort und Piezosensor. Mit einer Rasierklinge und einer schnellen Photodiode wird die Ablenkung des Testlaserstrahls gemessen.*

4 Kapitel Charakterisierung und Kalibrierung

Dieses Kapitel stellt die Eigenschaften und die Leistungsfähigkeit des photoakustischen Spektrometers dar. Zudem werden drei Kalibrierungsmethoden vorgestellt, welche die Ermittlung der Absorptionskoeffizienten aus dem normierten photoakustischen Signal erlauben.

4.1 Verwendete Proben

Es werden Proben von vier verschiedenen Materialien zur Erprobung des photoakustischen Spektrometers und zur Untersuchung der Absorptionseigenschaften verwendet. Hierzu gehören Lithiumniobatkristalle ($LiNbO_3$), Lithiumtriboratkristalle (LBO), ein α-Bariumboratkristall (α-BBO) und ein Kalziumfluoridkristall (CaF_2). Die verwendeten Proben sind in Tabelle 4.1 aufgelistet.

Name	Material	Abmessungen [mm^3]	Dotierung/Beschichtung
LN1	$LiNbO_3$	$(x, y, z) = 1 \times 70 \times 10$	–
LN2	$LiNbO_3$	$(x, y, z) = 10 \times 61 \times 1$	–
LN3	$LiNbO_3$	3"-Wafer, z = 27 mm	–
Mg:LN	$LiNbO_3$	$(x, y, z) = 1 \times 65 \times 10$	5 mol% MgO
Fe:LN1	$LiNbO_3$	$(x, y, z) = 10 \times 1 \times 17$	0,03 wt% Fe
Fe:LN2	$LiNbO_3$	$(x, y, z) = 10 \times 2 \times 17$	0,03 wt% Fe
Fe:LN2pol	$LiNbO_3$	$(x, y, z) = 10 \times 2 \times 17$	0,03 wt% Fe Koppelseite poliert
Fe:LN3	$LiNbO_3$	$(x, y, z) = 10 \times 3 \times 17$	0,03 wt% Fe
Mn:LN	$LiNbO_3$	$(x, y, z) = 15 \times 1 \times 10$	Mn
Cu:LN	$LiNbO_3$	$(x, y, z) = 1 \times 10 \times 18$	Cu
LBO1	LBO	$(x, y, z) = 14 \times 12 \times 1{,}5$	–
LBO2	LBO	$(x, y, z) = 1 \times 20 \times 5$	–
LBO3	LBO	$6 \times 4 \times 10 (\theta = 90°, \varphi = 13{,}5°)$	AR für 1030 & 515 nm
LBO4	LBO	$5 \times 3 \times 10 (\theta = 90°, \varphi = 12{,}9°)$	AR für 1030 & 515 nm
BBO	BBO	$2 \times 16 \times 4$	MgF_2-Schutzschicht
CaF_2	CaF_2	$45 \times 25 \times 2$	–

Tabelle 4.1: *Für diese Arbeit verwendete Proben. AR: Antireflexbeschichtung. θ und φ: Schnittwinkel für Phasenanpassung.*

4.2 Lichtquelle

Die Nachweisgrenze photoakustischer Messungen wird wesentlich durch die Energie der Anregungslaserpulse bestimmt, da die Signalstärke linear mit dieser skaliert (2.11). In Abbildung 4.1 ist die maximal erreichbare Pulsenergie gegen die Wellenlänge des emittierten Lichts aufgetragen. Die maximale Pulsenergie erhält man im Wellenlängenbereich des Signallichts, 405 – 710 nm: Hier werden Pulsenergien von 10 bis 60 mJ erreicht. Im Idlerbereich, $\lambda > 710$ nm, fällt die Pulsenergie zu längeren Wellenlängen hin ab. Aufgrund von OH^--Absorptionsbanden der Quarzoptiken in der Frequenzverdopplereinheit kommt es zu Leistungseinbrüchen bei 1400 nm und 2250 nm. Im Idlerbereich bis 2200 nm steht über ein Millijoule Pulsenergie zur Verfügung.

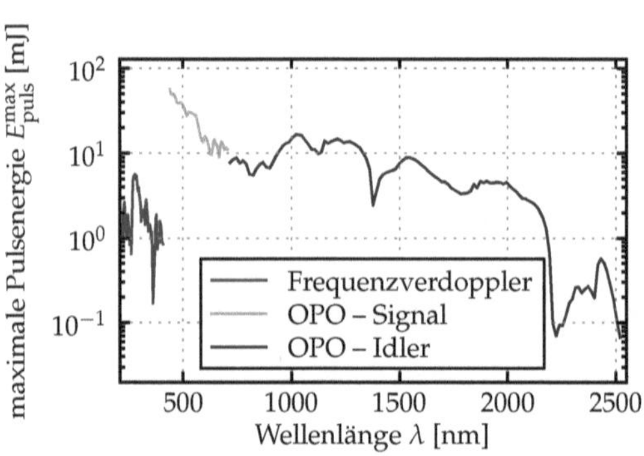

Abbildung 4.1: *Halblogarithmische Darstellung der maximal erreichbaren Pulsenergie E_{puls}^{max} gegen die Wellenlänge λ.*

Die Wellenlängen in den Bereichen 212 – 355 und 355 – 405 nm werden durch Frequenzverdopplung des Signal- und Idlerlichts erzeugt. Aufgrund der beschränkten Konversionseffizienz werden in diesem Wellenlängenbereich nur Pulsenergien von wenigen Millijoule erreicht.

Eine weitere entscheidende Kenngröße für die Photoakustik ist die Pulsdauer des Anregungslichts. Im Bereich der schmalen Laserstrahlen ($\tau_l > R_f/v$) bestimmt diese wesentlich die Effizienz der Erzeugung photoakustischer Schallwellen, siehe Kap. 2.2.2 und [33, 34]. Für den in dieser Arbeit vorliegenden Fall der breiten Laserstrahlen ($\tau_l < R_f/v$) ist die Pulsdauer entscheidend für die erreichten Intensitäten. Diese sind ausschlaggebend für die Effizienz optisch nichtlinearer Prozesse, wie beispielsweise Mehrphotonenabsorption, welche das Verfahren begrenzen. In Abbildung 4.2 ist der zeitliche Verlauf eines Pulses des OPO-Systems gezeigt. Über mehrere Pulse gemittelt erhält man einen leicht asymmetrischen Verlauf der Lichtleistung. Der zeitliche Verlauf der einzelnen Lichtpulse kann von dieser Form abweichen. Die Halbwertspulsdauer wurde für mehrere Pulse separat bestimmt. Die Anzahl der

Lichtpulse mit gleicher Dauer ist im Histogramm in Abb. 4.3 gegen die Pulsdauer aufgetragen. Die mittlere Pulsdauer beträgt $< \tau_l^{FWHM} >= 7{,}4(\pm 0{,}9)$ ns.

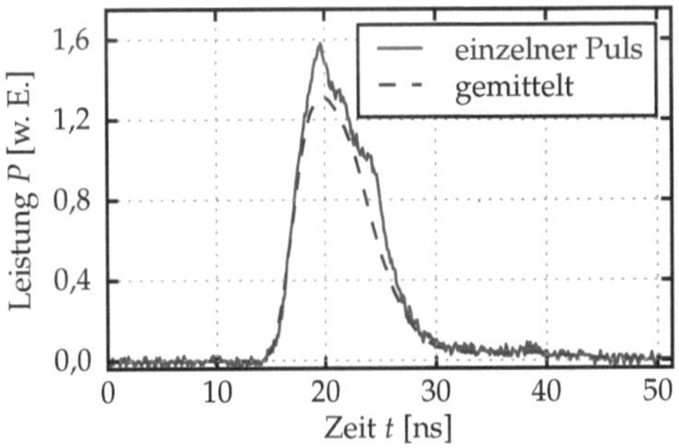

Abbildung 4.2: *Zeitlicher Verlauf eines willkürlich gewählten Lichtpulses und gemittelter Verlauf der vom OPO erzeugten Lichtpulse.*

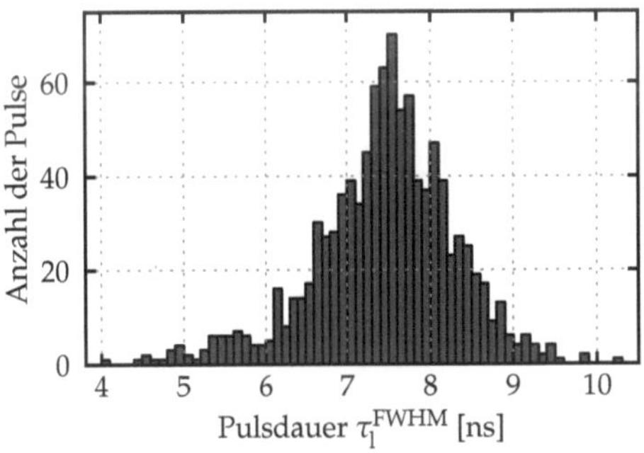

Abbildung 4.3: *Pulsdauer* τ_l^{FWHM} *von 1000 vom OPO erzeugten Lichtpulse.*

Abbildung 4.4 zeigt das – mit einem CCD-Sensor aufgenommene – Profil des Anregungsstrahls am Ort der Probe. Das Strahlprofil ist weder symmetrisch noch rund, es besitzt lokal Stellen mit besonders hoher Intensität, sogenannte „Hotspots“. Das asymmetrische Strahlprofil ist nicht in einer schlechten Justage des gesamten Lasersystems begründet, sondern hat seine Ursache in dem Aufbau des OPOs und den nichtlinear-optischen Prozessen. In Abbildung 4.5 ist das mittlere Signal der Pixel einer Spalte und der Pixel in einer Zeile gegen die Position der Spalte (horizontal) bzw. Zeile (vertikal) aufgetragen. Das Strahlprofil ist entlang der vertikalen im Vergleich zur horizontalen Richtung asymmetrischer. Die Anpassung einer Gauß-Funktion an die Intensitätsverteilung entlang der vertikalen Richtung ergibt den Halbwertsstrahlradius $R_f = 0{,}93$ mm.

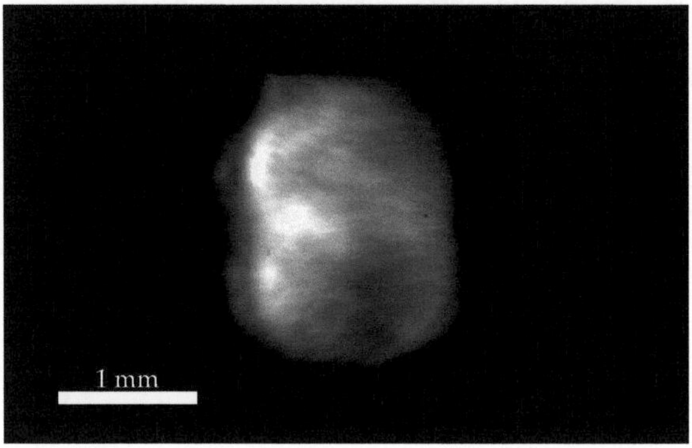

Abbildung 4.4: *Typisches Strahlprofil am Ort der Probe eines vom OPO erzeugten Lichtpulses.*

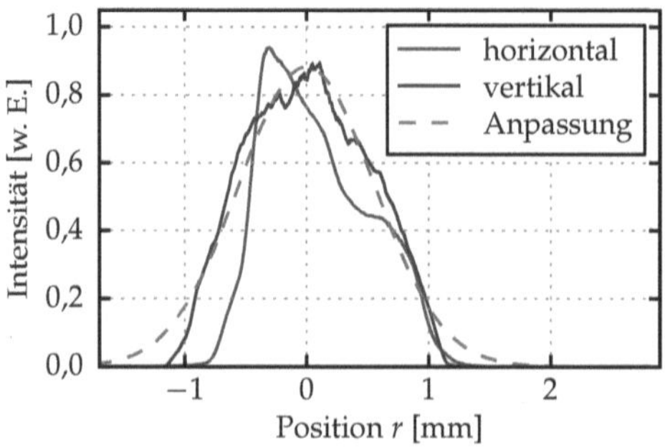

Abbildung 4.5: *Strahlintensität aufgetragen gegen die horizontale bzw. vertikale Position. An die Intensitätsverteilung entlang der Vertikalen ist eine Gauß-Funktion angepasst.*

4.3 Photoakustische Messungen

In diesem Abschnitt werden Messergebnisse zur Detektion der photoakustisch erzeugten Wellen und deren Charakterisierung dargestellt.

4.3.1 Eigenschaften der akustischen Wellen

Der erwartete Frequenzbereich der photoakustischen Schallwellen übersteigt die Resonanzfrequenz des Piezodetektors, siehe Kap. 2.2.3 und 3.2. Um den Verlauf der photoakustisch erzeugten Schallwellen zeitaufgelöst zu messen, wird der in Kap. 3.3.3 beschriebene optische Aufbau verwendet. Hierfür wird eine magnesiumdotierte $LiNbO_3$-Probe mit den Abmessungen (x, y, z) = $1 \times 65 \times 10\ \mathrm{mm}^3$ so in den Messaufbau eingespannt, dass der Anregungslaserstrahl diese etwa 1 cm unter dem oberen Rand durchleuchtet. Der Piezosensor ist am unteren Rand der Probe angebracht, der Testlaserstrahl zur optischen Messung der Schallwellen durchleuchtet die Probe etwa 1,5 cm unterhalb des Anregungsstrahls, siehe Abb. 3.7. Die Messergebnisse sind in Abb. 4.6 dargestellt. Die photoakustische Druckwelle passiert zunächst den optischen Messpunkt, ca. 3 µs nach der Anregung, und trifft anschließend den Piezosensor mit einer Verzögerungszeit $\tau_{\mathrm{verz}} \approx 8$ µs. Hier ist zu beachten, dass der Ausschlag der optischen Messung proportional zur zeitlichen Änderung des Drucks $\partial p / \partial t$ ist [99]. Das Diodensignal, welches direkt mit der Beleuchtung beginnt und innerhalb einer Mikrosekunde abklingt entsteht durch elektrische Störsignale, welche durch die Güteschaltung des Pulslasersystems entstehen.

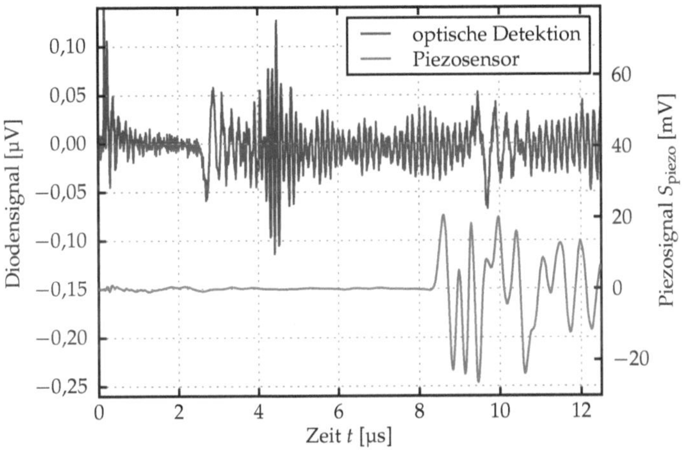

Abbildung 4.6: *Parallele Messung photoakustisch erzeugter Wellen mittels einer schnellen optischen Detektion, siehe Kap. 3.3.3, und mit dem Piezosensor. Die Probe ist ein magnesiumdotierter $LiNbO_3$-Kristall (Mg:LN) mit den Abmessungen $(x, y, z) = 1 \times 65 \times 10$ mm^3.*

Mit Hilfe einer Fourier-Transformation der Messsignale werden die Frequenzeigenschaften untersucht. Die Fourier-Transformierte der optischen Messung, Abb. 4.7, weist eine Resonanz bei 6,7 MHz und weitere Anteile mit Frequenzen bis zwölf Megahertz auf.

Abgesehen von der Frequenzantwort der photoakustischen Schallwellen enthält die Abhängigkeit der Verzögerungszeit τ_{verz} von der Entfernung des Piezosensors zum Anregungsort r eine weitere wichtige Kenngröße für die Charakterisierung der akustischen Wellen. Der Abstand r ist mit dem verwendeten Probenhalter frei wählbar. Die Abhängigkeit der Verzögerungszeit τ_{verz} von der Entfernung des Piezosensors zum Anregungsort r ist in Abb. 4.8 für eine undotierte $LiNbO_3$-Probe (LN2) dargestellt.

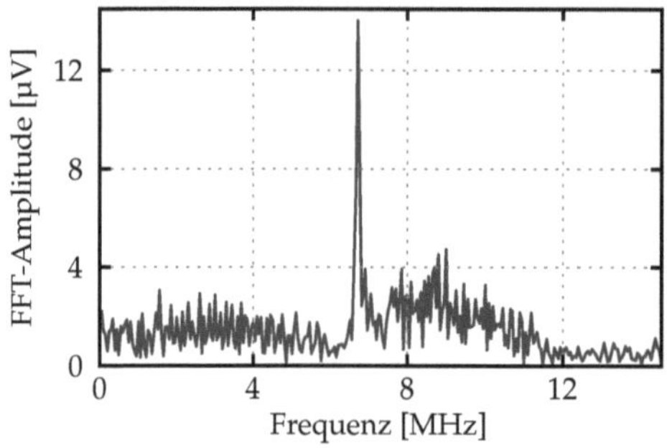

Abbildung 4.7: *Amplitude der Fast-Fourier-Transformierten (FFT) der optischen Messung photoakustischer Schallwellen, siehe Abb. 4.6.*

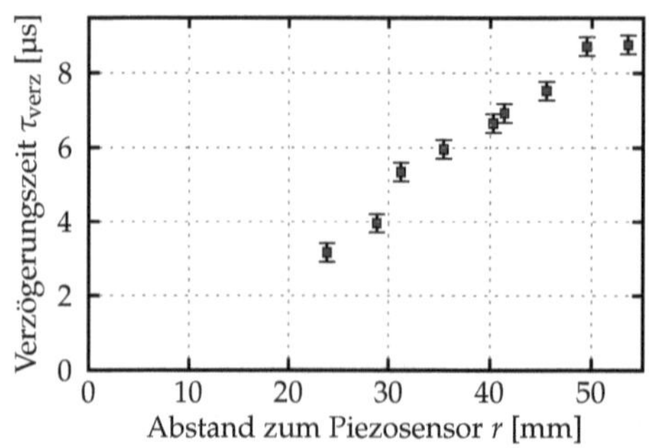

Abbildung 4.8: *Abhängigkeit der Verzögerungszeit τ_{verz} von der Entfernung des Piezosensors zum Anregungsort r für eine $LiNbO_3$-Probe (LN2) mit den Abmessungen $(x, y, z) = 10 \times 61 \times 1\ mm^3$.*

4.3.2 Detektionssystem

Frequenzverhalten

Die Fourier-Transformierte des Piezosignals aus Abb. 4.6 ist in Abb. 4.9 dargestellt. Das Piezosignal enthält im Wesentlichen Frequenzanteile im Bereich 0,3 – 4 MHz.

Linearität und Korrelationsfilterung

Die Abhängigkeit der photoakustischen Spannung U_{PhAk} und der korrelierten photoakustischen Spannung U^{kor}_{PhAk}, siehe Kap. 3.2.3, von der Pulsenergie E_{puls} ist in Abb. 4.10 bei geringer Absorption und in Abb. 4.11 für eine Probe mit großem Absorptionskoeffizienten dargestellt.

Für photoakustische Spannungen im Bereich $1\ mV < U_{PhAk} < 1\ V$ gilt $U_{PhAk} \approx U^{kor}_{PhAk}$. Bei kleinen Werten kommt es zu einer Abweichungen zwischen U^{kor}_{PhAk} und

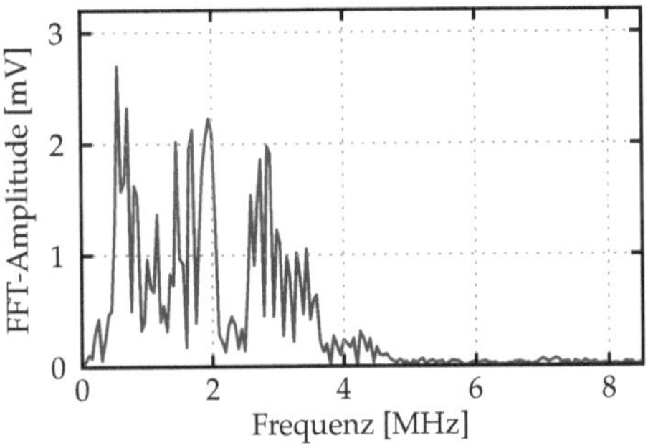

Abbildung 4.9: *Amplitude der Fast-Fourier-Transformierten (FFT) des Piezosignals aus Abb. 4.6. Die Probe ist ein magnesiumdotierter $LiNbO_3$-Kristall (Mg:LN) mit den Abmessungen $(x, y, z) = 1 \times 65 \times 10\ mm^3$.*

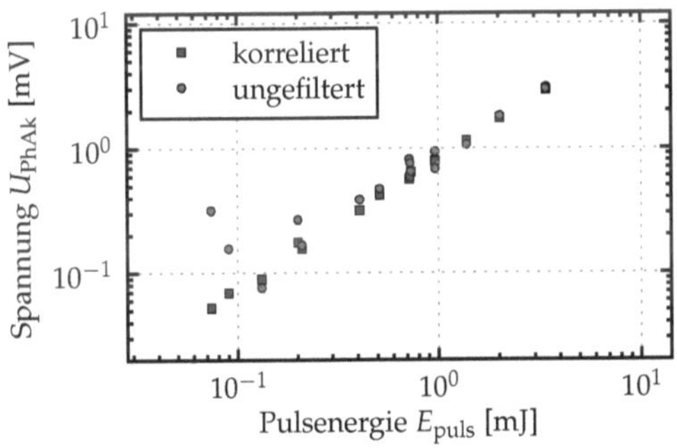

Abbildung 4.10: *Linearität bei kleinen Signale: Abhängigkeit der photoakustischen Spannung U_{PhAk} und der korrelierten Spannung U_{PhAk}^{kor} von der Pulsenergie E_{puls} für eine Lithiumtriborat-Probe (LBO1) bei der Anregungswellenlänge $\lambda = 1600\ nm$.*

U_{PhAk}. Für Spannungen U_{PhAk} oberhalb 1 V ist ein klares sublineares Verhalten zu beobachten. Eine Diskussion der – für diese Arbeit außerordentlich wichtigen – Linearität des Detektionssystems ist in Kap. 6.1.1 gegeben.

Nachweisgrenze

Das korrelierte Signal $U_{PhAk}^{kor}(t)$ wird bei geblocktem Anregungslaserstrahl für verschiedene Mittelungsdauern t_m wiederholt gemessen. Da aufgrund der fehlenden photoakustischen Anregung keine Signale zu erwarten sind, ist die Abweichung des korrelierten Signals durch dessen Betrag $\left|U_{PhAk}^{kor}(t_m)\right|$ gegeben; diese Abweichung wird wiederholt gemessen. In Abbildung 4.12 ist die über fünf Messungen gemittelte Abweichungen $< \left|U_{PhAk}^{kor}\right| >$ gegen die Mittelungsdauer t_m aufgetragen. Die Amplitude der mittleren Abweichung sinkt mit der Mittelungsdauer ab. Da die Anregung mit einem 10-Hz-Pulslasersystem erfolgt, wird über zehn Messungen pro Sekunde gemittelt.

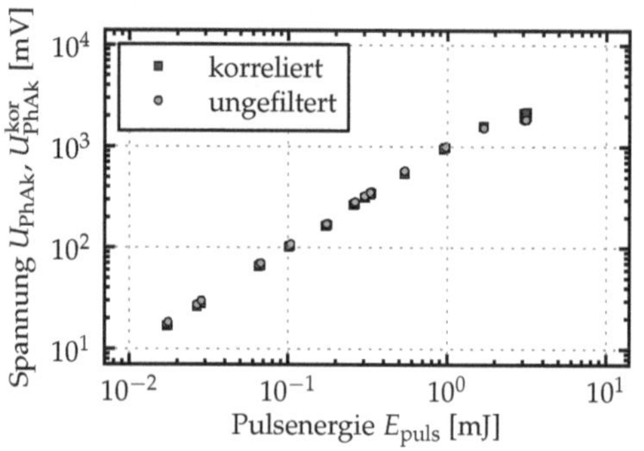

Abbildung 4.11: *Linearität für große Signale: Abhängigkeit der photoakustischen Spannung U_{PhAk} und der korrelierten Spannung U_{PhAk}^{kor} von der Pulsenergie E_{puls} für eine kupferdotierte $LiNbO_3$-Probe (Cu:LN) bei der Anregungswellenlänge $\lambda = 900$ nm.*

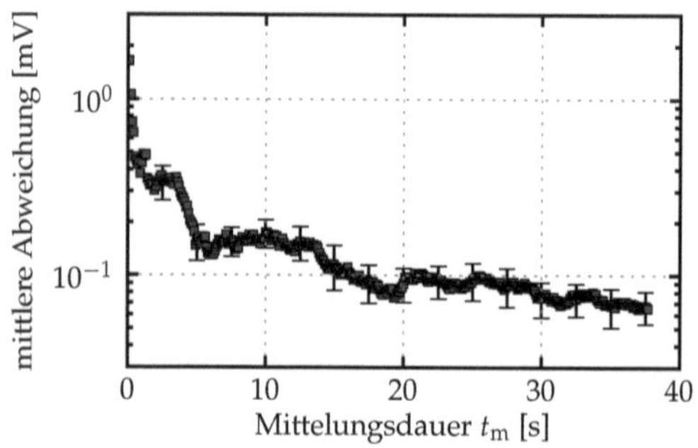

Abbildung 4.12: *Mittlere Abweichungen $< |U_{PhAk}^{kor}| >$ des korrelierten photoakustischen Signals gegen die Mittelungsdauer t_m. Die Fehlerbalken ergeben sich aus der Standardabweichung der Einzelmessungen für die jeweilige Mittelungsdauer.*

4.3.3 Einfluss der Strahlgeometrie

Mit dem in Kap. 3.3 vorgestellten optischen Aufbau lässt sich der Radius des Anregungslaserstrahls R_f variieren. In Abbildung 4.13 ist die Abhängigkeit des normierten photoakustischen Signals S_{PhAk} gegen den Strahlradius R_f aufgetragen. Das normierte photoakustische Signal nimmt mit dem Strahlradius ab.

Eine weitere interessante Frage ist, ob der qualitative spektrale Verlauf des normierten photoakustischen Signals S_{PhAk} abhängig von der Form des Anregungsstrahls ist. Da das Absorptionsspektrum der Proben unabhängig von der Anregungsstrahlform ist, sollte – wenn (2.17) gilt – der qualitative Verlauf des photoakustisch gemessenen Spektrums ebenfalls unabhängig sein. Der Anregungsstrahl wird durch eine Blende oder Rasierklinge, die zwischen den Neutralfilter und den konkaven Spiegel in den Strahl gebracht werden, siehe Aufbau in Abb. 3.3.2, verformt. In Abbildung 4.14 ist das photoakustische gemessene Spektrum mit unterschiedlichen Anregungsstrahlgeometrien eines magnesiumdotierten Lithiumniobatkristalls gezeigt.

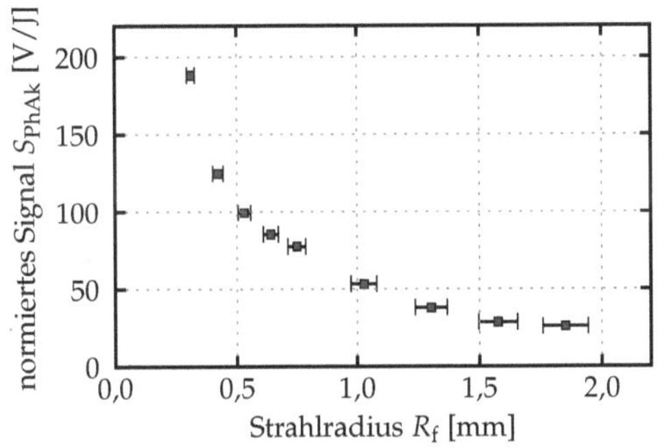

Abbildung 4.13: *Abhängigkeit des normierten photoakustischen Signals S_{PhAk} vom Strahlradius R_f des Anregungslichtes. Die verwendete Probe ist ein undotierter x-Schnitt-$LiNbO_3$-Kristall (LN1).*

Um eine bessere Vergleichbarkeit der qualitativen photoakustischen Spektren zu erhalten, ist die Größe des normierten photoakustischen Signals so skaliert, dass das Integral der normierten photoakustischen Signale unter der OH^--Absorptionsbande bei 1450 nm konstant bleibt. Der qualitative Verlauf des normierten photoakustischen Signals gegen die Wellenlänge ist innerhalb der Fehlergrenzen unabhängig von der Strahlform.

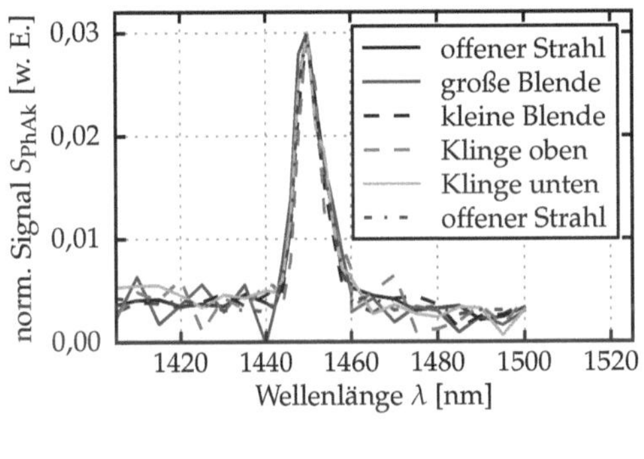

Abbildung 4.14: *Normiertes photoakustisches Signal S_{PhAk} aufgetragen gegen die Wellenlänge λ für unterschiedliche Anregungsstrahlformen. Die verwendete Probe ist ein magnesiumdotierter $LiNbO_3$-Kristall (Mg:LN). Das Anregungslicht ist ordentlich polarisiert. Die Größe des Signals S_{PhAk} ist so skaliert, dass das Integral unter der OH^--Absorptionsbande konstant ist.*

In Abbildung 4.15 ist das photoakustische gemessene Spektrum eines Lithiumtriboratkristalls für einen offenen und teils durch die Rasierklinge geblockten Strahl aufgetragen. Das photoakustische Spektrum bleibt auch hier im Rahmen der Fehlergrenzen über fünf Größenordnungen für die untersuchten Anregungsstrahlgeometrien erhalten.

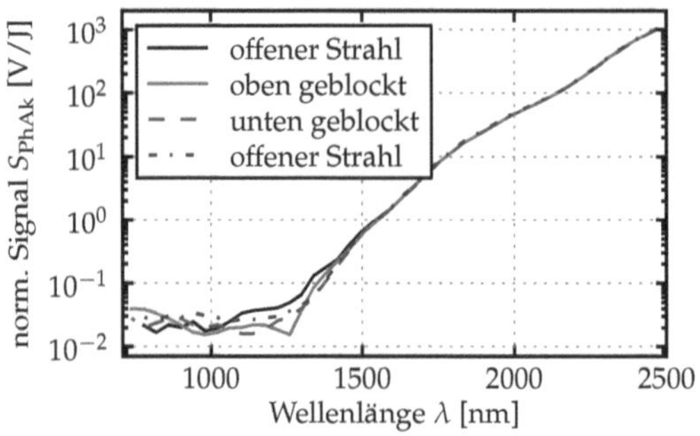

Abbildung 4.15: *Normiertes photoakustisches Signal S_{PhAk} aufgetragen gegen die Wellenlänge λ für unterschiedliche Anregungsstrahlformen. Die verwendete Probe ist ein LBO-Kristall (LBO1), mit y-polarisiertem Anregungslicht.*

4.3.4 Einfluss der Probengeometrie und Ankopplung

Ein Ziel dieser Arbeit ist, kleine Absorptionskoeffizienten in dünnen Proben mit einem Millimeter Dicke zu bestimmen. Um die Abhängigkeit der Detektionsempfindlichkeit von der Probendicke zu messen, wird ein mit Eisen dotierter $LiNbO_3$-Einkristall in Scheiben verschiedener Dicke geschnitten und poliert. Bei einer Probe wird zudem die Koppelseite poliert, mit welcher diese an den Piezosensor angekoppelt wird. Die Proben werden nacheinander wie in Abb. 4.16 dargestellt auf dem Piezosensor befestigt und photoakustisch vermessen, siehe Abb. 4.17. Die qualitative Form der photoakustisch gemessenen Spektren stimmt überein. Die relative Größe des normierten photoakustischen Signals weicht zwischen den verschiedenen Messungen leicht voneinander ab. Mit steigender Probendicke nimmt die Größe des normierten photoakustischen Signals leicht zu, die relative Abweichung liegt jedoch im Rahmen der Schwankungen der Probenankopplung an den Piezosensor. Eine Politur der Probenseite, die auf den Piezosensor gedrückt wird, führt nicht zu einer Steigerung der akustischen Koppeleffizienz.

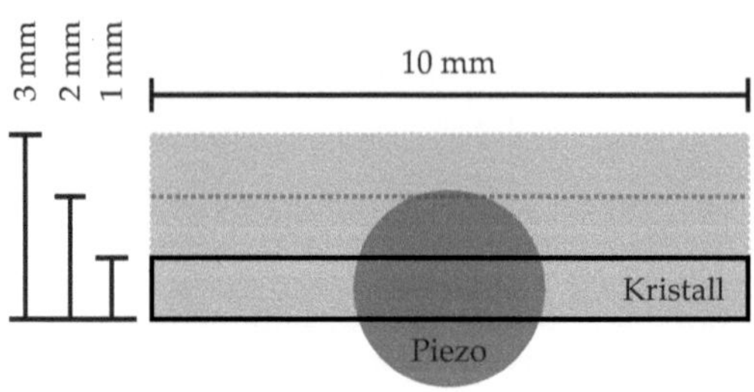

Abbildung 4.16: *Proben verschiedener Dicke (Fe:LN1–3) werden aus einem Einkristallkörper geschnitten und wie dargestellt nacheinander auf dem Piezosensor befestigt.*

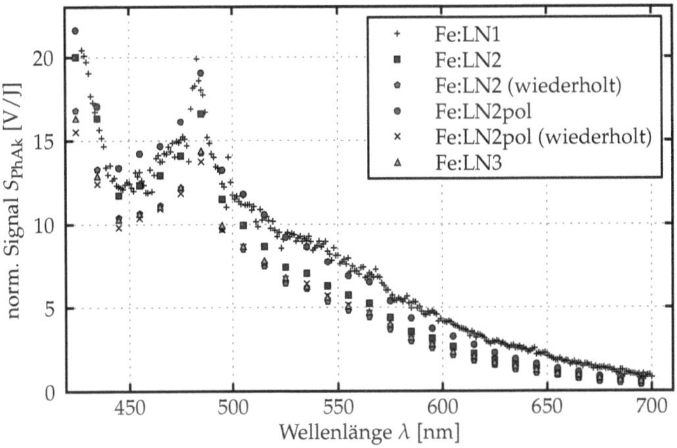

Abbildung 4.17: *Photoakustische Messung eisendotierter $LiNbO_3$-Proben verschiedener Dicke (Fe:LN1–3), die aus einem Einkristallkörper stammen.*

Die 2 mm dicken Proben werden jeweils zweimal eingebaut, um die Reproduzierbarkeit der Ankopplung zu testen. Die Standardabweichung des photoakustischen Signals S_{PhAk} für die einzelnen Ankopplungen vom Mittelwert aller vier Messungen beträgt 17%.

4.4 Kalibrierung

Die Kenntnis des Kalibrierungskoeffizienten erlaubt die Umrechnung des normierten photoakustischen Signals in Absorptionskoeffizienten (2.17). Der Kalibrierungskoeffizient kann nicht theoretisch berechnet werden, siehe Kap. 2.2.4 und 3.2.2, daher ist eine experimentelle Bestimmung notwendig. Dieser Abschnitt beschreibt drei unabhängige Techniken, die es erlauben, einen Kalibrierungskoeffizienten K für ein Material bzw. sogar konkret für jede Ankopplung zu bestimmen.

4.4.1 Bekannte Absorptionsbanden

Mit dem OPO-Pulslasersystem ist es möglich, die Wellenlänge des Anregungslichtes im Wellenlängenbereich 212 – 2500 nm durchzustimmen, Kap. 3.1. Besitzt die zu untersuchende Probe in diesem Bereich hinreichend ausgeprägte Absorptionsbanden, so dass diese auch mit einem herkömmlichen Gitter- oder FTIR-Spektrometer zu bestimmen sind, so lässt sich der Kalibrierungskoeffizient K durch eine Größenanpassung zwischen dem photoakustischen Spektrum $S_{\mathrm{PhAk}}(\lambda)$ und dem herkömmlich gemessenen Absorptionsspektrum $\alpha(\lambda)$ bestimmen. In Abbildung 4.18 ist eine solche Anpassung für einen α-Bariumboratkristall (α-BBO) mit

$$S_{\mathrm{PhAk}}(\lambda) = K\left(\alpha(\lambda) + \alpha_{\mathrm{Verschiebung}}\right) \tag{4.1}$$

dargestellt. Der gewonnene Kalibrierungskoeffizient für diese Messung ist $K = 222(\pm 3)$ cmV/J und $\alpha_{\mathrm{Verschiebung}} = -0{,}02(\pm 0{,}01)\ \mathrm{cm}^{-1}$. Die Verschiebungskorrektur wird durchgeführt, da es bei einer herkömmlichen Messung des Absorptionsspektrums mit einem Gitter- oder FTIR-Spektrometer aufgrund einer nicht perfekten Fresnel-Korrektur oder wegen einer leichten Verschmutzung der Oberflächen zu einem Untergrund der Messung kommen kann, während photoakustische Messungen – im Rahmen der Nachweisgrenze – absolute Werte ergeben, d. h. bei verschwindender Absorption strebt S_{PhAk} nahezu gegen Null.

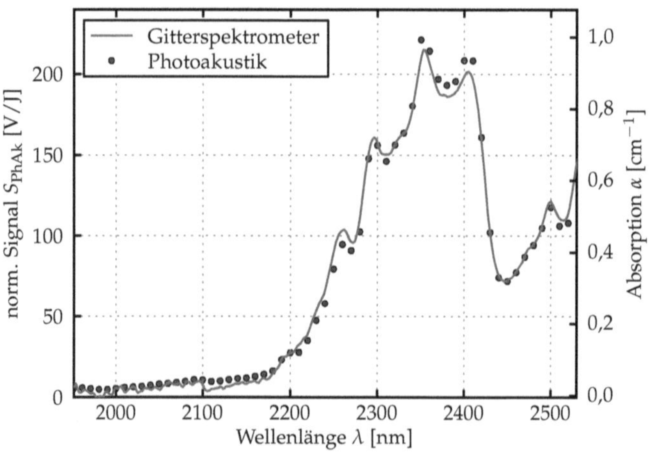

Abbildung 4.18: *Ausgeprägte Absorptionsbanden eines BBO-Kristalls für ordentliche Polarisation, die sowohl mit dem photoakustischen Spektrometer als auch mit einem herkömmlichen Spektrometer gemessen werden. Eine Anpassung der Abszissenabschnitte nach (4.1) ergibt den Kalibrierungskoeffizienten $K = 222(\pm 3)$ cmV/J der Messung.*

Die ausgeprägten Absorptionsbanden des BBO-Kristalls für ordentlich polarisiertes Licht in Abb. 4.18 kommen durch Mehrphononenanregungen zu Stande, Kap. 2.1.2. Eine Kalibrierung anhand der Mehrphononenabsorptionskante hat den Vorteil, dass der photoakustische Wirkungsgrad $\eta_{\mathrm{W}} = 1$ ist, da die absorbierte Lichtenergie quasi instantan zu 100% in Gitterschwingungen und damit in Wärme umgewandelt wird [36]. Eine Kalibrierung anhand Mehrphononenabsorption ist jedoch nicht für alle optischen Materialien möglich, da die Lage der Mehrphononenabsorptionskante, beispielsweise von $LiNbO_3$, YAG, oder Kalziumfluorid (CaF_2), außerhalb des Wellenlängenbereichs des verwendeten OPOs liegt. In diesem Fall können andere bekannte Absorptionsbanden zur Kalibrierung herangezogen werden. $LiNbO_3$-Kristalle besitzen beispielsweise eine ausgeprägte Absorptionsbande mit der Zentralwellenlänge 2871 nm, die durch die Anregung einer fundamentalen OH^--Schwingung zu Stande kommt, siehe Abb. 4.19. Diese OH^--Absorptionsbande kann zwar nicht direkt zur Kalibrierung des photoakustischen Spektrometers verwendet werden, da sie oberhalb der Grenzwellenlänge, 2500 nm, liegt. Die fundamentale OH^--Schwingung besitzt jedoch Obertöne, die mit Licht kürzerer Wellenlänge angeregt werden können, siehe Kap. 2.1.3. Die Anregungswellenlänge des ersten Obertons der OH^--Schwingung liegt bei 1475 nm [62, 63]; die hierdurch entstehende Absorptionsbande kann mit Hilfe des photoakustischen Spektrometers gemessen werden, Abb. 4.20. Obwohl die OH^--Obertonabsorptionsbande für übliche Probendicken und Wasserstoffkonzentrationen nicht mit herkömmlichen Spektrometern gemessen werden kann, ist dennoch eine Kalibrierung des photoakustischen Spektrometers anhand dieser möglich, da im $LiNbO_3$ für die Bandintensitäten

$$I_\alpha = \int \alpha(\lambda) \mathrm{d}\lambda \tag{4.2}$$

das Verhältnis der fundamentalen zur Oberton-OH^--Schwingungsanregung bekannt ist, $I_\alpha^{\text{fundamental}} / I_\alpha^{\text{oberton}} \approx 175(\pm 18)$ [63] und die fundamentale Absorptionsbande konventionell gemessen werden kann. Hier ist zu beachten, dass dieses Verhältnis mit einem protonenausgetauschten $LiNbO_3$-Kristalls ermittelt wurde. Bei hohem Wasserstoffgehalt in $LiNbO_3$ kommt es an der Oberfläche der Kristalle zu einem Einbau der Wasserstoffionen auf zusätzlichen Gitterplätzen. Dies hat eine leichte spektrale Verschiebung der OH^--Banden zur Folge [63]. Der genaue Einfluss auf das Verhältnis der Absorptionsintensitäten $I_\alpha^{\text{fundamental}} / I_\alpha^{\text{oberton}}$ ist nicht bekannt; ein Vergleich der Absorptionsintensitätsverhältnisse von $LiNbO_3$-Kristallen unterschiedli-

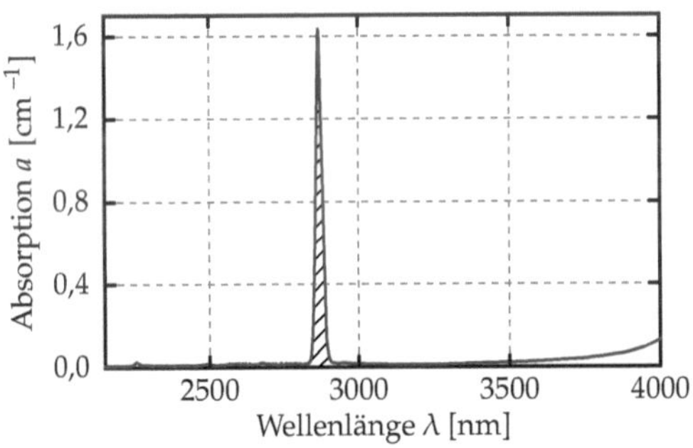

Abbildung 4.19: *FTIR-Absorptionsmessung an einem $LiNbO_3$-Kristall (LN3) für o-polarisiertes Licht: Die Absorptionsbande bei 2900 nm kommt durch die Anregung einer fundamentalen OH^--Schwingung zu Stande. Der Anstieg der Absorption bei 4000 nm ist in Mehrphononenanregungen begründet.*

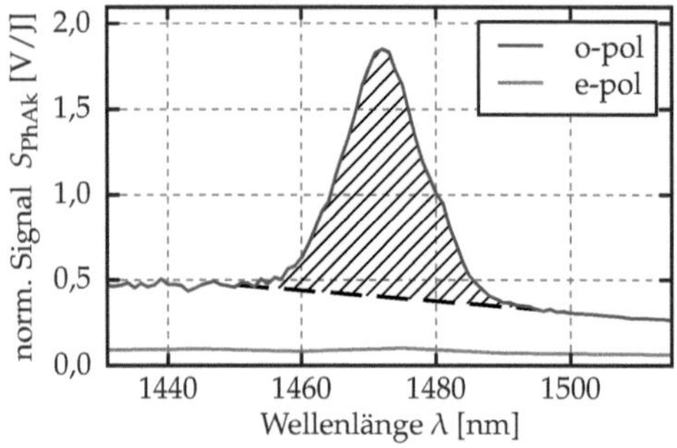

Abbildung 4.20: *Photoakustische Aufnahme: Die Anregung des ersten Obertons der OH^--Schwingung bewirkt eine schwache Absorptionsbande bei 1475 nm. Probe: LN1. Sie führt wie die Anregung der fundamentalen OH^--Schwingung nur zur Absorption ordentlich polarisierten Lichts.*

cher Zusammensetzung zeigt, dass eine Abweichung von etwa 10% zu erwarten ist [61–63]. Dies setzt für die photoakustischen Messungen der $LiNbO_3$-Kristalle die erreichbare Fehlergrenze der Kalibrierung fest.

4.4.2 Referenzproben

Die Standardabweichung des Kalibrierungskoeffizienten K beim Probenaustausch beträgt $\pm 17\%$ aufgrund der Reproduzierbarkeit der Ankopplung, siehe Kap. 4.3.4, daher ist es möglich, dotierte Proben des gleichen Materials zur Kalibrierung zu verwenden, wenn die Dotierung zu ausgeprägten Absorptionsbanden führt. Hierfür findet die Kalibrierung mit einer Referenzprobe – analog zur Methode aus Kap. 4.4.1 – über den Vergleich des photoakustischen Spektrums $S(\lambda)$ mit einer herkömmlichen Messung des Absorptionsspektrums $\alpha(\lambda)$ statt. In Abbildung 4.21 ist die Bestimmung eines Kalibrierungskoeffizienten K für $LiNbO_3$ Kristalle mit Hilfe einer mangandotierten $LiNbO_3$-Probe gezeigt. Aus der Messung ergibt sich der Kalibrierungskoeffizient $K^{\perp\vec{c}}_{LiNbO_3} = 56(\pm 1)$ cmV/J mit $\alpha_{\text{Verschiebung}} = 2{,}6(\pm 0{,}7) \times 10^{-3}$ cm^{-1}. Dieser Koeffizient $K^{\perp\vec{c}}_{LiNbO_3}$ kann für die photoakustische Messung anderer $LiNbO_3$-Kristalle verwendet werden. Voraussetzung hierfür ist einerseits, dass weder der Strahlradius R_f noch der Abstand zwischen Anregungsort und Piezosensor r verändert wird. Andererseits ist zu beachten, dass $LiNbO_3$-Kristalle uniaxial sind, für K relevante Materialparameter wie der thermische Ausdehnungskoeffizient und die Schallgeschwindigkeit hängen von der kristallographischen Richtung ab. Der gewonnene Kalibrierungskoeffizient gilt daher nur bei gleicher Orientierung, d. h. wenn die Verbindung zwischen photoakustischem Anregungsort und Piezosensor orthogonal zur kristallographischen $\vec{c}$-Achse steht.

Um den Einfluss der Messgeometrie zu untersuchen, wird eine eisendotierte $LiNbO_3$-Probe so vermessen, dass die kristallographische $\vec{c}$-Achse parallel zur Verbindungslinie zwischen Anregungsort und Piezosensor steht, Abb. 4.22. Eine

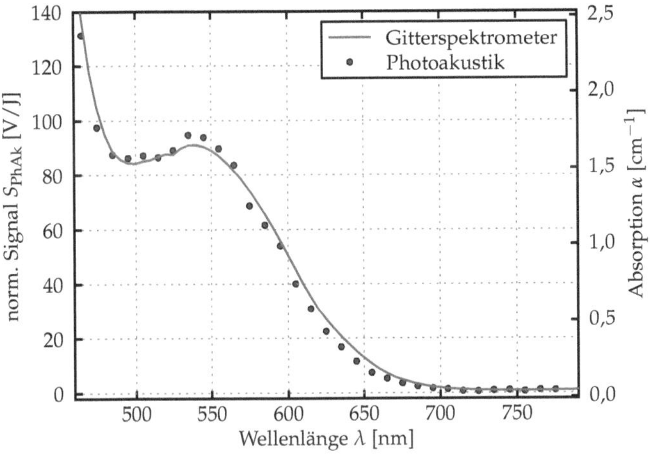

Abbildung 4.21: *Absorptionsspektrum eines Mn-dotierten $LiNbO_3$-Kristalls (Mn:LN) gemessen mit dem Gitterspektrometer und dem photoakustischen Spektrometer.*

Anpassung der Abszissenabschnitte nach (4.1) ergibt den Kalibrierungskoeffizient $K_{\mathrm{LiNbO_3}}^{\|\vec{c}} = 60(\pm 1)$ cmV/J und die Verschiebung $\alpha_{\mathrm{Verschiebung}} = 9(\pm 7) \times 10^{-3}\ \mathrm{cm}^{-1}$.

Zu beachten ist, dass sich die angegebene Standardabweichung der Kalibrierungskoeffizienten K mit der Referenzprobenmethode rein aus den Anpassungen nach (4.1) ergibt. Die Standardabweichung $\Delta K/K = \pm 17\%$ beim Tausch der Probe aufgrund der Reproduzierbarkeit der Ankopplung, siehe Kap. 4.3.4, ist hier nicht enthalten sie muss bei der Berechnung von ΔK berücksichtigt werden.

4.4.3 Zweiphotonenabsorption

Der effektive Absorptionskoeffizient α_{eff} ist intensitätsabhängig; er nimmt – unter Berücksichtigung der Zweiphotonenabsorption (ZPA) – linear mit der Intensität I zu (2.7). Folglich sinkt der Transmissionsgrad $E_{\mathrm{puls}}^{\mathrm{trans}} / E_{\mathrm{puls}}^{\mathrm{ein}}$ bei hohen Intensitäten. Der Transmissionsgrad lässt sich experimentell mit dem in Abb. 3.5 dargestellten Aufbau messen, siehe Abb. 4.23. Unter der Annahme Gauß-förmiger Anregungspulse mit der Intensitätsverteilung

$$I(r,t) = \frac{I_0}{\sqrt{\pi}} \exp\left(-\left(\frac{r}{R_{\mathrm{g}}}\right)^2 - \left(\frac{t}{\tau_{\mathrm{l}}}\right)^2\right), \tag{4.3}$$

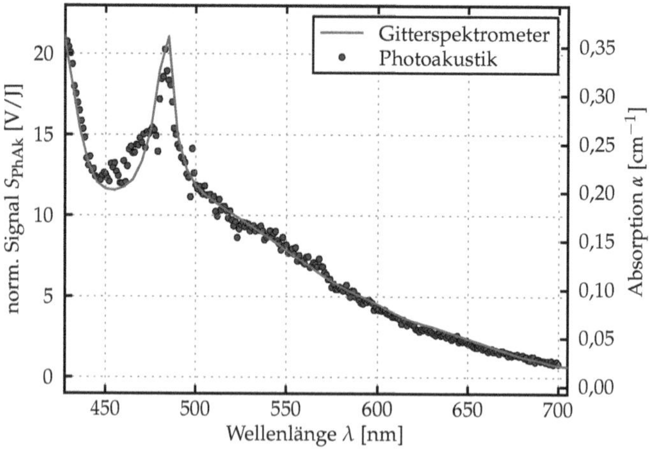

Abbildung 4.22: *Absorptionsspektrum eines eisendotierten $LiNbO_3$-Kristalls (Fe:LN1) gemessen mit dem Gitterspektrometer und dem photoakustischen Spektrometer.*

mit dem Gauß-Strahlradius R_g, lässt sich für kleine Absorptionen der Zweiphotonenabsorptionskoeffizient β mit (2.7) aus

$$\Delta E_{\text{puls}} = \int_0^{2\pi} \mathrm{d}\varphi \int_0^{\infty} r\mathrm{d}r \int_{-\infty}^{\infty} \mathrm{d}t \; I(r,t) \underbrace{I(r,t)\beta}_{\alpha_{\text{eff}}} l \tag{4.4}$$

durch Integration zu

$$\beta = \frac{-\sqrt{8\pi}}{l} m_{\text{opt}}^{\text{ZPA}} \tag{4.5}$$

bestimmen. Der Faktor $\sqrt{8\pi}$ trägt dem geringeren effektiven Strahlradius und der verkürzten effektiven Pulsdauer der ZPA Rechnung. Aus der Anpassung in Abb. 4.23 ergibt sich $\beta = 6{,}3(\pm 0{,}6)$ cm/GW. Dieser Wert ist einen Faktor drei größer als Literaturwerte für $\beta \approx 2$ cm/GW [65, 100]. Der Unterschied ist zum Teil auf die verhältnismäßig lange Pulsdauer der verwendeten Nanosekundenlaserpulse zurückzuführen; Lithiumniobatkristalle zeigen kleinere Zweiphotonenabsorptionskoeffizienten bei kürzerer Beleuchtung [51, 64]. Außerdem ist zu beachten, dass die tatsächliche Unsicherheit des ZPA-Koeffizienten $\Delta\beta$ aufgrund der Abweichung des Anregungsstrahls von der Gauß-Form größer ist als der allein aus der Anpassung (4.5) berechnete Fehler und dass es aufgrund von stehenden Wellen durch Interferenz lokal zu einer Unterschätzung der Intensität kommen kann, siehe Kap. 2.2.4.

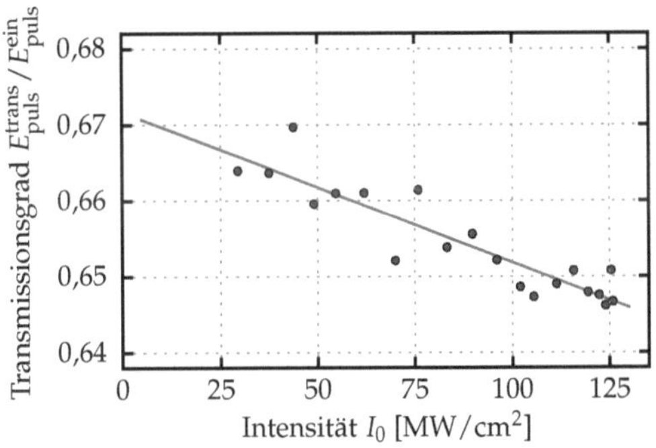

Abbildung 4.23: *Transmissionsgrad aufgetragen gegen die eingestrahlte Intensität für einen undotierten $LiNbO_3$-Kristall (LN2) bei der Anregungswellenlänge 532 nm. An die Messwerte ist eine Gerade angepasst, die Steigung beträgt:* $m_{opt}^{ZPA} = -2(\pm 0{,}2) \times 10^{-4}$ *cm²/MW.*

Die photoakustische Spannung wird simultan zur optischen Bestimmung des ZPA-Koeffizienten gemessen, siehe Abb. 4.24. Die photoakustische Spannung steigt für Intensitäten unterhalb 20 MW/cm² linear mit der Intensität der Anregungspulse an. Die Steigung m_{PhAk}^{α} ist proportional zum Absorptionskoeffizienten

$$\alpha \propto m_{PhAk}^{\alpha} = \frac{S_{PhAk}}{\pi R_f^2 \tau_l}, \tag{4.6}$$

da hier lineare Absorption die Erzeugung der photoakustischen Wellen dominiert. Im Bereich oberhalb 40 MW/cm² ist ein quadratischer Anstieg zu beobachten, der durch ZPA zu Stande kommt, hier gilt $U_{PhAk} = m_{PhAk}^{ZPA} I^2$. Der in Abb. 4.24 betrachtete Dynamikbereich übersteigt den des in Kap. 3.2 beschriebenen Detektionssystems, siehe Kap. 6.1.1. Es ist jedoch zu beachten, dass die vorgestellte Messung ohne den Bandpassfilter durchgeführt wurde. In diesem Fall liegt ein erweitertes lineares Antwortverhalten des Detektionssystems bis zu photoakustischen Spannungen U_{PhAk}

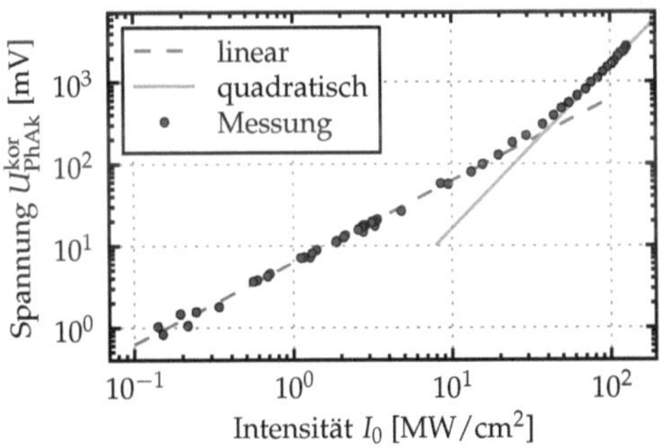

Abbildung 4.24: *Doppellogarithmische Darstellung der photoakustischen Spannung gegen die Intensität der Anregungslichtpulse bei der Anregungswellenlänge 532 nm für einen undotierten $LiNbO_3$-Kristall (LN2). An die Messwerte bei Anregungsintensitäten unterhalb 10 MW/cm² ist eine Ursprungsgerade angepasst; an die Messwerte für Intensitäten oberhalb 40 MW/cm² ist eine Parabel angepasst.*

von 3 V vor, siehe Kap. 6.1.1. Aus der photoakustischen Messung lässt sich das Verhältnis

$$\frac{\alpha}{\beta} = \frac{1}{2^{3/4}\sqrt{\pi}} \frac{m_{\text{PhAk}}^{\alpha}}{m_{\text{PhAk}}^{\text{ZPA}}} \tag{4.7}$$

bestimmen, wobei der Faktor $2^{3/4}$ den effektiv kleineren Strahlradius R_f der ZPA bei der Erzeugung photoakustischer Wellen (2.11) berücksichtigt [101]. Zusammen mit der optischen Bestimmung von β lässt sich so

$$K = \frac{m_{\text{PhAk}}^{\text{ZPA}}}{\pi R_\text{g}^2 \tau_\text{l}} \frac{l}{2^{3/4}\left| m_{\text{opt}}^{\text{ZPA}} \right|} \tag{4.8}$$

unter der Annahme Gauß-förmiger Anregungspulse mit dem in (4.3) beschriebenen räumlichen und zeitlichen Verlauf ermitteln.

Die vorgestellten Messungen wurden mit dem in Abb. 3.5 dargestellten Aufbau gewonnen. Das Strahlprofil am Ort der Probe ist in Abb. 4.25 gezeigt. Der Halbwertsstrahlradius beträgt $R_\text{f} = 0{,}22(\pm 0{,}02)$ mm, der für die Rechnung relevante Gauß-Strahlradius ist folglich $R_\text{g} = 0{,}19(\pm 0{,}02)$ mm. Die für die Messung verwendeten Laserpulse besitzen die Pulsdauer $\tau_\text{l} = 5$ ns. Mit den Werten aus Abb. 4.24, $m_{\text{PhAk}}^{\alpha} = 6{,}2(\pm 0{,}2) \times 10^{-3}$ cm^{2}V/MW und $m_{\text{PhAk}}^{\text{ZPA}} = 146(\pm 6) \times 10^{-6}$ cm^{4}V/MW^2, ergibt sich $K = 8(\pm 2) \times 10^3$ cmV/J. Die angegebene Standardabweichung des Kalibrierungskoeffizienten beinhaltet nicht die Unsicherheit durch die Abweichung der Laserpulsform vom Gauß-Profil (4.3). Für zylinderförmige Strahlprofile ergeben sich theoretisch Abweichungen von bis zu 70%.

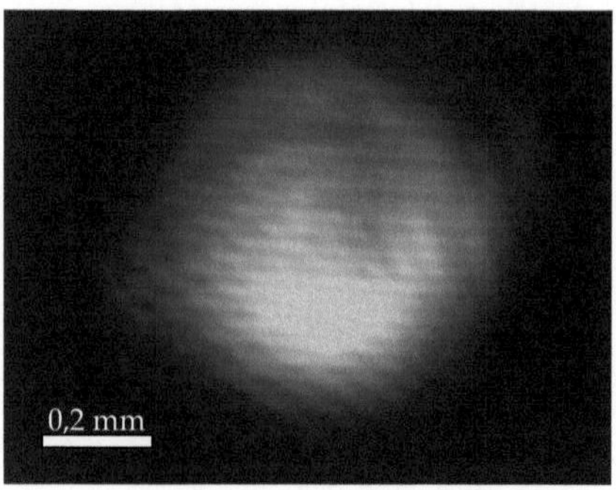

Abbildung 4.25: *Strahlprofil am Ort der Probe des in Abb. 3.5 dargestellten optischen Aufbaus für die Bestimmung des ZPA-Koeffizienten β.*

5 Kapitel Messergebnisse

In diesem Kapitel werden zunächst Absorptionsspektren von vier wichtigen optischen Materialien vorgestellt, die mit Hilfe des photoakustischen Spektrometers gewonnen wurden. Der zweite Teil des Kapitels beschäftigt sich mit lichtinduzierten Absorptionsänderungen. Es werden sowohl Absorptionserhöhungen als auch -Verringerungen gefunden, die sowohl in transienter als auch in dauerhafter Form auftreten.

5.1 Photoakustische Spektren

Hauptziel dieser Arbeit ist, Absorptionsspektren verschiedener hochtransparenter Materialien erstmals in 1-mm-dicken Proben zu vermessen. Anhand der Messungen sollen Aufschlüsse über Typ und Menge der verantwortlichen Defekte oder Verunreinigungen gewonnen werden. In diesem Abschnitt werden Absorptionsspektren der optisch nichtlinearen Kristalle Lithiumniobat und Lithiumtriborat, sowie von α-Bariumborat und Kalziumfluorid vorgestellt.

5.1.1 Lithiumniobat

Kristallines Lithiumniobat ($LiNbO_3$) ist aufgrund seiner großen nichtlinearen Koeffizienten, seiner hohen chemischen und mechanischen Stabilität und des relativ großen Transparenzfensters [27, 43] das optische Material der Wahl für viele Anwendungen der nichtlinearen Optik, beispielsweise zur Erzeugung grünen Laserlichts aus der zweiten Harmonischen infraroter Strahlung [87, 102], für die Wellenlängenkonversion zur Einzelphotonendetektion [3, 103], oder für optisch parametrische Oszillation [1, 2]. Abgesehen von den optisch nichtlinearen Eigenschaften weisen $LiNbO_3$-Kristalle eine große Palette anderer Effekte auf, die Anwendungen in vielen weiteren Feldern ermöglichen [104–106]. Hierzu zählen unter anderem der elektrooptische Effekt, der zum Bau von Modulatoren genutzt wird [102, 107], und der photorefraktive Effekt [88, 108, 109], der die Herstellung hochselektiver Filter im optischen Frequenzbereich ermöglicht [102, 110, 111]. Die Photorefraktion kann allerdings auch hinderlich für Anwendungen der nichtlinearen Optik sein. Tritt beispielsweise der photorefraktive Effekt bei der Frequenzkonversion intensiven Laserlichts auf, so kann dieser zur Phasenfehlanpassung und zur Defokussierung der transmittierten und der erzeugten Laserstrahlen führen. Das ungewünschte Auftreten des photorefraktiven Effekts wird „optischer Schaden" bezeichnet [90, 112–115]. Viele Arbeiten beschäftigen sich mit der Unterdrückung dieses Effekts [59, 60, 116, 117]:

Zu den derzeit gängigsten Methoden zählt eine Dotierung der $LiNbO_3$-Kristalle mit mehr als 5 mol% Magnesium [118–120]. Da die Herstellung magnesiumdotierter $LiNbO_3$-Kristalle (MgLN) deutlich kostenintensiver ist als für undotierte Kristalle und da eine strukturierte ferroelektrische Polung – die elementar für viele Anwendungen der $LiNbO_3$-Kristalle ist – wesentlich aufwändiger für MgLN ist, werden weiterhin Behandlungen getestet, die den photorefraktiven Effekt in undotierten Kristallen unterdrücken [59, 60, 116]. Ursache dieses Effekts und damit des optischen Schadens ist Lichtabsorption und die daraus resultierende Umverteilung photoanregbarer Ladungsträger [54, 88, 89, 121]. Das Absorptionsspektrum der $LiNbO_3$-Proben gibt daher wichtige Hinweise über die Qualität und Verwendbarkeit der Kristalle.

Undotierte kongruent schmelzende Kristalle

In Abbildung 5.1 ist das Absorptionsspektrum eines undotierten kongruent schmelzenden $LiNbO_3$-Kristalls für ordentliche (o-pol) und außerordentliche Polarisation (a-pol) gezeigt. Der Absorptionskoeffizient ist fast im gesamten gemessenen Spektralbereich für o-polarisiertes Licht größer als für a-polarisiertes. Im Bereich 400 – 850 nm nimmt er für beide Polarisationen zu längeren Wellenlängen hin ab. Für o-polarisiertes Licht ist eine breite Absorptionsbande zwischen 900 und 1600 nm zu beobachten, diese ist für a-polarisiertes Licht stark unterdrückt. Eine relativ schmale Absorptionsbande mit der zentralen Wellenlänge 1475 nm ist ebenfalls nur für o-polarisiertes Licht zu beobachten. Anhand dieser Absorptionsbande wurde die Messung wie in Kap. 4.4.1 beschrieben kalibriert, der gewonnene Kalibrierungskoeffizient ist $K = 102(\pm 21)$ cmV/J. Der relative Fehler bei der Kalibrierung $\Delta K/K \approx 20\%$ wird durch die Kenntnis des Verhältnisses der fundamentalen zur Bandintensität der OH^--Obertonbande limitiert, siehe Kap. 4.4.1. Der Fehler auf die Zentralwellenlänge der Absorptionsbanden beträgt $\Delta\lambda = 3$ nm, er ist durch den optisch parametrischen Oszillators bestimmt, siehe Kap. 3.1.2. Zwischen 1700 und 2200 nm ist die Absorption am geringsten, der Absorptionskoeffizient für o-polarisiertes Licht ist hier $\alpha_{o-pol} \approx 7 \times 10^{-4}$ cm^{-1}. Für a-polarisiertes Licht ist die Absorption in diesem Bereich noch geringer, $\alpha_{a-pol} \approx 2 \times 10^{-4}$ cm^{-1}. Für größere Wellenlängen treten Absorptionsbanden bei 2255, 2310 und 2487 nm auf, gleichzeitig steigt die Untergrundabsorption leicht an. Im Wellenlängenbereich 650 – 750 nm und für Wellenlängen oberhalb 2200 nm ist die Messung stärker verrauscht als im übrigen Spektralbereich. Gründe hierfür sind, dass im Wellenlängenbereich um 710 nm Signal- und Idlerlicht schlechter voneinander getrennt werden können, da hier der OPO nah am Degenerationspunkt betrieben wird. Für Wellenlängen oberhalb 2200 nm werden nur geringe Pulsenergien unterhalb einem Millijoule erreicht.

Magnesiumdotierte Kristalle

In Abbildung 5.2 ist das Absorptionsspektrum eines magnesiumdotierten $LiNbO_3$-Kristalls gezeigt. Ähnlich wie für undotierte $LiNbO_3$-Kristalle ist die Absorption a-polarisierten Lichts im betrachteten Wellenlängenbereich geringer als für

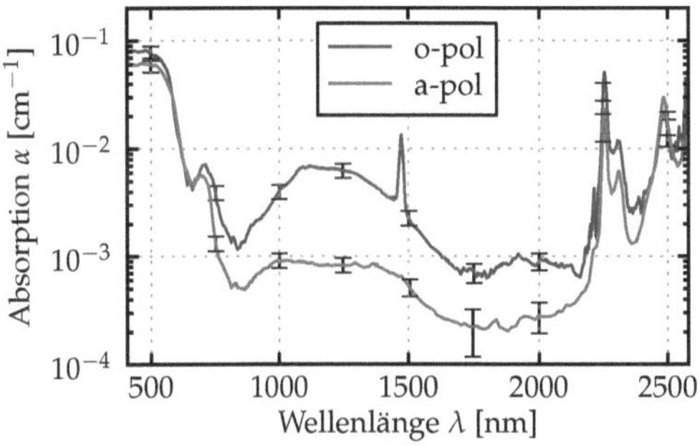

Abbildung 5.1: *Photoakustisch gemessenes Absorptionsspektrum eines undotierten kongruenten LiNbO₃-Kristalls (LN1) in halblogarithmischer Darstellung.*

o-polarisiertes Licht. Die relativ schmale Absorptionsbande zwischen 1400 und 1500 nm sowie die Absorptionsbanden im Wellenlängenbereich oberhalb 2200 nm sind ebenfalls vorhanden, jedoch im Vergleich zum undotierten $LiNbO_3$ um einige Nanometer zu kürzeren Wellenlängen hin verschoben. Die zentralen Wellenlängen der Absorptionsbanden der magnesiumdotierten $LiNbO_3$-Probe sind 1449, 2250, 2285, 2410 und 2450 nm, siehe Abb. 5.3. Die Messung wurde anhand der Absorptionsbande bei 1449 nm, wie in Kap. 4.4.1 beschrieben, kalibriert; der gewonnene Kalibrierungskoeffizient ist $K = 220(\pm 44)$ cmV/J. Im Gegensatz zu undotiertem $LiNbO_3$ ist die Absorptionsbande bei 1449 nm auch für a-polarisiertes Licht vorhanden.

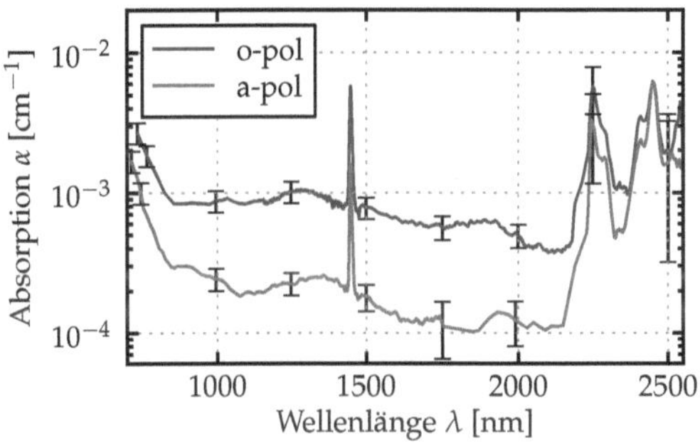

Abbildung 5.2: *Photoakustisch gemessenes Absorptionsspektrum eines magnesiumdotierten LiNbO₃-Kristalls (Mg:LN) in halblogarithmischer Darstellung.*

5.1.2 Lithiumtriborat

Kristallines Lithiumtriborat (LBO) ist ein weiteres optisch nichtlineares Material, welches Anwendung in vielen optischen Systemen findet, beispielsweise zur Erzeugung

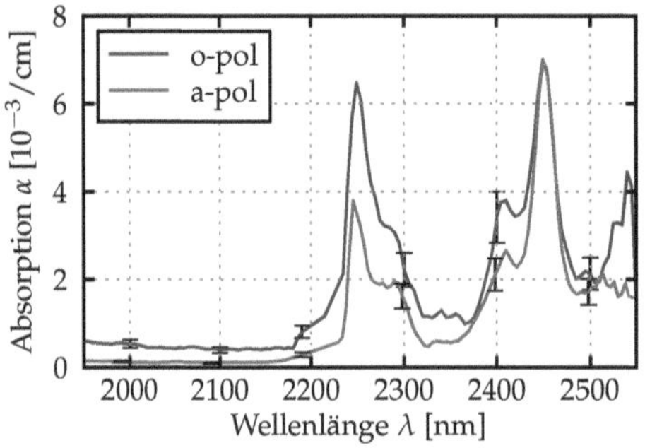

Abbildung 5.3: *Photoakustisch gemessene Absorptionsbanden eines magnesiumdotierten $LiNbO_3$-Kristalls (Mg:LN) im Wellenlängenbereich oberhalb 2000 nm.*

der zweiten oder dritten Harmonischen infraroten Laserlichts oder als nichtlineares Material für optisch parametrische Oszillatoren [122–124]. Im Vergleich zu $LiNbO_3$ besitzt LBO deutlich kleinere nichtlineare Koeffizienten von ca. 1 pm/V, jedoch eine wesentlich höhere optische Zerstörschwelle von 45 GW/cm^2 für Nanosekundenlaserpulse im Wellenlängenbereich um 1000 nm [20]. Wegen seiner großen Bandlücke ist LBO auch im ultravioletten Wellenlängenbereich transparent, die Bandkante liegt bei 155 nm [122]. Eine weitere Besonderheit der LBO-Kristalle sind die außerordentlich großen thermischen Ausdehnungskoeffizienten, die je nach kristallographischer Richtung unterschiedliche Vorzeichen besitzen: $\beta^x_{\text{th}} = 10{,}7 \times 10^{-5}\,\text{K}^{-1}$, $\beta^y_{\text{th}} = -9{,}5 \times 10^{-5}\,\text{K}^{-1}$ und $\beta^z_{\text{th}} = 3{,}4 \times 10^{-5}\,\text{K}^{-1}$ [125]. Das negative Vorzeichen des thermischen Ausdehnungskoeffizienten entlang der kristallographischen $\vec{y}$-Achse führt zu einem negativen ersten Ausschlag des photoakustischen Signals, wenn die Verbindungslinie zwischen Anregungsort und Piezosensor parallel zur kristallographischen $\vec{y}$-Achse ist, siehe Abb. 5.4.

Für den Einsatz der LBO-Kristalle zur Erzeugung grünen Laserlichts mit mehreren hundert Watt Ausgangsleistung aus der zweiten Harmonischen eines Nd:YAG-Laserstrahls sind die Absorptionskoeffizienten bei den involvierten Wellenlängen von entscheidender Bedeutung [123]: Selbst kleine Absorptionskoeffizienten führen bei einer Beleuchtung mit hohen Lichtleistungen zu einem Aufheizen des verwendeten LBO-Kristalls; dies führt aufgrund des großen thermischen Ausdehnungskoeffizienten zu Verspannungen und über den thermooptischen Effekt zu Phasenfehlanpassung.

Abbildung 5.5 zeigt das photoakustisch gemessene Absorptionsspektrum des Kristalls LBO1 für y-polarisiertes (y-pol) Licht. Die Absorption fällt von kurzen Wellenlängen hin zu 500 nm auf den Wert 10^{-5} cm^{-1} ab. Zwischen 500 und 1200 nm wird ein normiertes photoakustisches Signal gemessen, das einer Absorption von 10^{-5} cm^{-1} entspricht. Im Wellenlängenbereich 1200 bis 2500 nm steigt die Absorption um fünf Größenordnungen an. Bei 2500 nm erreicht der Absorptionskoeffizient Werte im Bereich 1 cm^{-1}; hier kann das Absorptionsspektrum mit einem

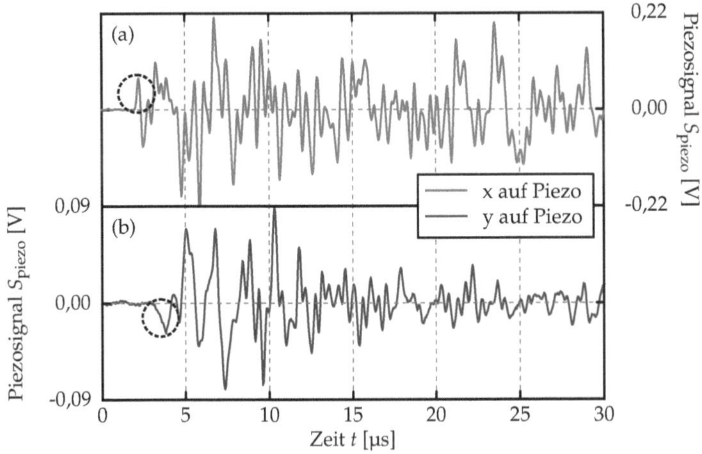

Abbildung 5.4: *Vorzeichen des photoakustischen Signals S_{piezo}: (a) Zeigt die kristallographische $\vec{x}$-Achse des Kristalls LBO1 auf den Piezosensor, so erhält man – ebenso wie für die anderen untersuchten optischen Materialien – einen positiven ersten Ausschlag des photoakustischen Signals S_{piezo}. (b) Für einen Einbau der Probe LBO1, bei dem die kristallographische $\vec{y}$-Achse auf den Piezosensor zeigt, ist der erste Ausschlag des photoakustischen Signals S_{piezo} negativ.*

herkömmlichen FTIR-Spektrometer, siehe Kap. 2.3.1, gemessen werden. Aus einem Vergleich des photoakustischen Spektrums mit dem FTIR-Absorptionsspektrum, siehe Kap. 4.4, ergibt sich der Kalibrierungskoeffizient dieser Messung $K = 785(\pm 28)$ cmV/J.

In Abbildung 5.6 ist ein Vergleich von LBO-Kristallen verschiedener Hersteller gezeigt. Das Absorptionsverhalten der Kristalle unterscheidet sich ganz wesentlich im Wellenlängenbereich unterhalb 500 nm. Im Spektralbereich oberhalb 500 nm stimmen die Absorptionsspektren dagegen weitgehend überein.

5.1.3 Alpha-Bariumborat

Bariumborat (BBO) kommt in zwei Kristallstrukturen vor, dem optisch linearen α-Bariumborat (α-BBO) und dem optisch nichtlinearen β-Bariumborat [126, 127]. BBO besitzt ein breites Transparenzfenster und eine relativ hohe Zerstörschwelle von 5 GW/cm^2 für Nanosekundenlaserpulse im Wellenlängenbereich um 1000 nm [128, 129]; die Bandkante liegt bei 190 nm; außerdem ist es stark doppelbrechend [127, 130]. Daher ist α-BBO ein geeignetes Material zur Polarisatorherstellung. Das Absorptionsspektrum eines α-BBO-Kristalls für o-polarisiertes Licht ist in Abb. 5.7 gezeigt. Die Absorption nimmt von kurzen Wellenlängen hin zu 1100 nm ab. Im Wel-

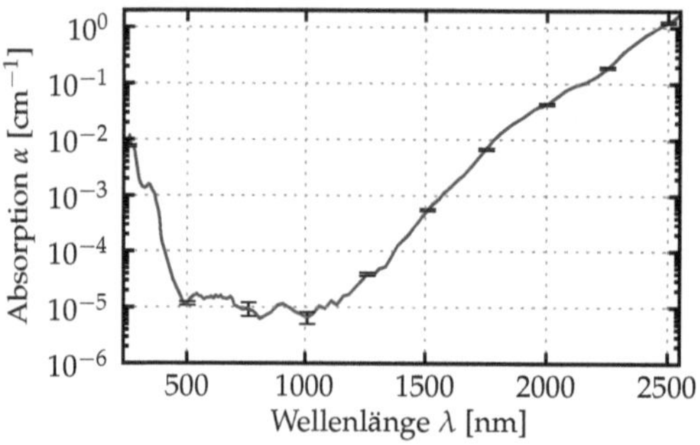

Abbildung 5.5: *Photoakustisch gemessenes Absorptionsspektrum eines LBO-Kristalls (LBO1) im Wellenlängenbereich 250 – 2550 nm.*

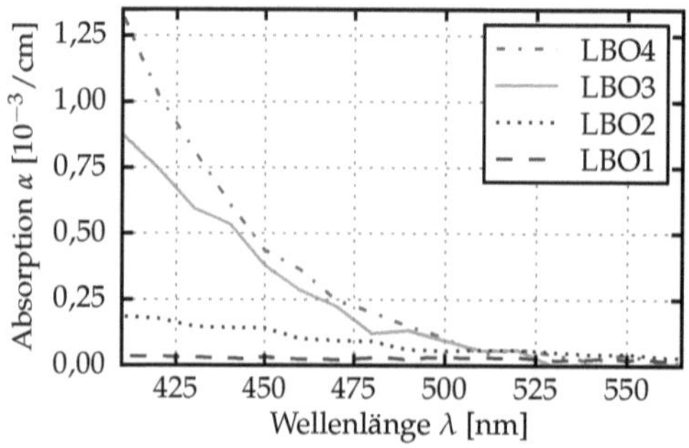

Abbildung 5.6: *Vergleich der photoakustisch ermittelten Absorptionsspektren von vier LBO-Kristallen (LBO1–4).*

lenlängenbereich 1100 – 1350 nm gibt es ein Plateau minimaler Absorption mit Absorptionskoeffizienten in der Größenordnung 10^{-4} cm^{-1}. Zu längeren Wellenlängen hin nimmt der Wert des Absorptionskoeffizienten zu, bis 2500 nm erreicht er Werte im Bereich 1 cm^{-1}. Auf dem Absorptionsuntergrund gibt es einige Absorptionsbanden bei den Zentralwellenlängen 1800, 1960 und 2090 nm, siehe Abb. 5.7 unten. Das Absorptionsspektrum im Wellenlängenbereich 2000 – 2500 nm ist in Abb. 4.18 in linearer Darstellung gezeigt. In diesem Spektralbereich sind ebenfalls ausgeprägte Absorptionsbanden zu beobachten. Die Kalibrierung der Messung ist in Kap. 4.4.1 gezeigt, der Kalibrierungskoeffizient beträgt $K = 200(\pm 6)$ cmV/J.

5.1.4 Kalziumfluorid

Kalziumfluorid (CaF_2) ist ein wichtiges hochtransparentes optisches Material, das sowohl Einsatz zum Bau von UV- als auch IR-Optiken findet [21, 131]. Die wesentlichen Eigenschaften von CaF_2-Kristallen sind das breite Transparenzfenster (130 –

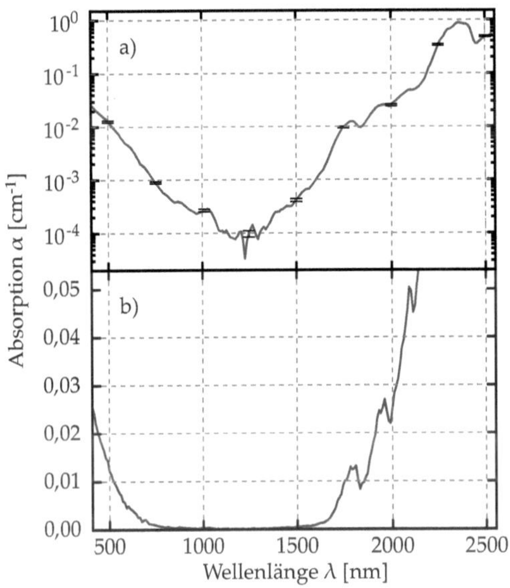

Abbildung 5.7: *Photoakustisch bestimmtes Absorptionsspektrum eines α-BBO-Kristalls für o-polarisiertes Licht: (a) halblogarithmische Darstellung, (b) lineare Darstellung: Hier sind drei Absorptionsbanden bei 1800, 1960 und 2090 nm zu erkennen.*

10.000 nm), die relativ hohe Zerstörschwelle von 21 GW/cm^2 [132] und die extrem hohe erreichbare Transparenz und Reinheit, $\alpha \approx 10^{-5}\,\text{cm}^{-1}$ um 1000 nm [41, 46, 133].

In Abbildung 5.8 ist ein Vergleich der photoakustischen Messung mit einer Gitterspektrometermessung des Absorptionsspektrums der untersuchten Kalziumfluoridprobe dargestellt. Die Kalibrierung der Messung erfolgt anhand der Absorptionsbande bei 306 nm nach der in Kap. 4.4.1 beschriebenen Methode. Der gewonnene Kalibrierungskoeffizient ist $K = 81(\pm 5)$ cmV/J mit $\alpha_{\text{Verschiebung}} = -0{,}024(\pm 0{,}004)\,\text{cm}^{-1}$. Hierbei ist zu beachten, dass die Absorptionsbande bei 306 nm durch eine Cer-Verunreinigung zu Stande kommt, deren Anregung zu Lumineszenz führt, siehe Kap. 6.2.4 und [58, 134, 135]. Dies hat zur Folge, dass der photoakustische Wirkungsgrad $\eta_{\text{W}} < 1$ ist und folglich die Bandintensität durch die photoakustische Messung – im Gegensatz zur Gitterspektrometermessung – unterschätzt wird. Die Quanteneffizienz der Cer-Lumineszenz hängt stark vom Wirtskristall und der Temperatur ab [136] und damit ebenfalls der photoakustische Wirkungsgrad η_{W}. Für die Quanteneffizienz der Cer-Lumineszenz in CaF_2-Kristallen bei Raumtemperatur konnte kein Literaturwert gefunden werden. Folglich konnte der photoakustische Wirkungsgrad η_{W} und dessen Einfluss auf die Kalibrierung nicht bestimmen werden. Die gute Übereinstimmung der Gitterspektrometermessung mit dem photoakustisch gemessenen Spektrum sowie die geringe benötigte Verschiebung für die Kalibrierung $\alpha_{\text{Verschiebung}} = -0{,}024(\pm 0{,}004)\,\text{cm}^{-1}$ deuten auf einen geringen Einfluss der Lumineszenz hin. Die gewonnene Kalibrierung gibt nichtsdestoweniger nur die Größenordnung der Absorptionskoeffizienten an. Aus diesem Grund werden im Folgenden für die photoakustischen Messungen der CaF_2-Spektren keine absoluten Absorptionskoeffizienten angegeben, sondern $K'\alpha$ wird verwendet, wobei der Lumineszenzkompensationskoeffizient $K' \geq 1$ ist.

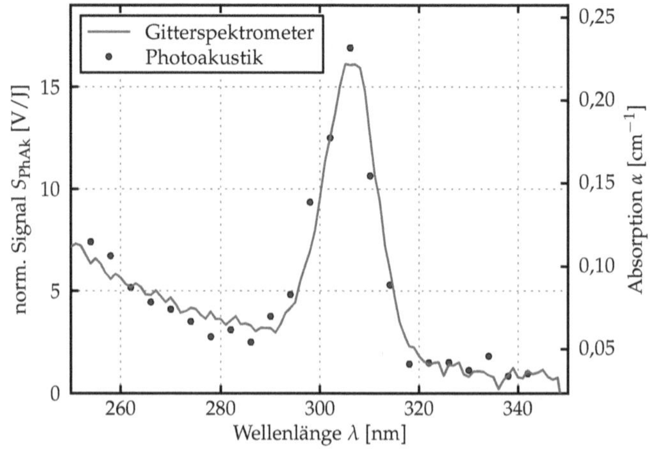

Abbildung 5.8: *Absorptionsspektrum des untersuchten CaF_2-Kristalls gemessen mit einem Gitterspektrometer und dem photoakustischen Spektrometer.*

In Abbildung 5.9 ist das photoakustisch gemessene Absorptionsspektrum des CaF_2-Kristalls gezeigt. Der untersuchte Kristall ist für den Einsatz als IR-Fenster einer Gasspektroskopiekammer bestimmt. Der photoakustisch gemessene Absorptionskoeffizient der untersuchen CaF_2-Probe sinkt zu längeren Wellenlängen hin ab. Zudem gibt es einige Absorptionsbanden um die Zentralwellenlängen 306, 420, 580, 710 nm und in den Wellenlängenbereichen 850 - 1100 und 1300 - 1600 nm. Die untersuchte CaF_2-Probe zeigt außerdem interessante lichtinduzierte Absorptionsänderungen, siehe hierfür Kap. 5.2.2 und 6.2.4.

5.2 Nichtlineare Absorption

Neben den linearen Absorptionsmerkmalen werden bei den photoakustischen Messungen transiente und dauerhafte Änderungen der untersuchten Absorptionsspektren durch die Beleuchtung mit dem Anregungslaserstrahl oder mit zusätzlichen Lichtquellen beobachtet. Diese werden in diesem Abschnitt vorgestellt.

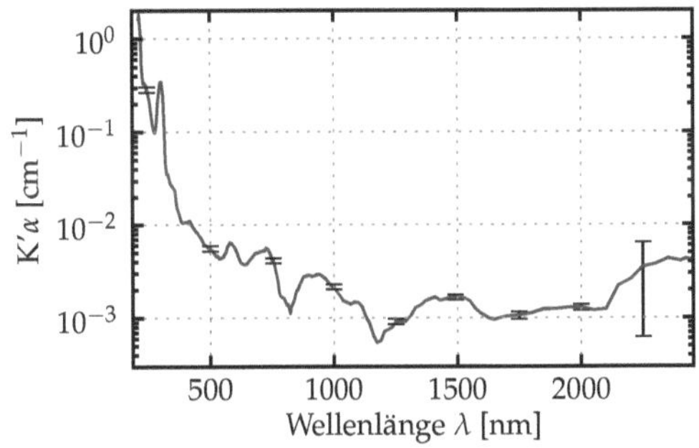

Abbildung 5.9: *Photoakustische Messung des Absorptionsspektrums eines CaF_2-Kristalls. Die Kalibrierung erfolgt anhand einer Absorptionsbande, deren Anregung zu Lumineszenz führt, daher gilt $K' \geq 1$.*

5.2.1 Zweiphotonenabsorption

Das Verhältnis aus Zweiphotonenabsorption zu linearer Absorption wächst linear mit der Lichtintensität (2.7). Die Intensität, bei der beide Anteile gleichgroß sind, wird im Folgenden als „Übergangsintensität", I_{ZPA}, bezeichnet. In Abbildung 4.24 ist ein typischer Verlauf der photoakustischen Spannung für einen $LiNbO_3$-Kristall bei der Anregungswellenlänge 532 nm im Intensitätsbereich unterhalb und oberhalb der Übergangsintensität $I_{ZPA} \approx 30\ \mathrm{MW/cm^2}$ gezeigt. Deutlich unterhalb gibt es einen linearen Zusammenhang zwischen der photoakustischen Spannung und der Intensität der Anregungslichtpulse, wie in (2.11) beschrieben. Oberhalb der Übergangsintensität I_{ZPA} geht der lineare Verlauf der photoakustischen Spannung gegen die Intensität über in einen quadratischen Verlauf.

Bei der Messung linearer Absorptionsspektren muss die Intensität des Anregungslaserstrahls mindestens eine Größenordnung kleiner sein als die Übergangsintensität, um den Einfluss der Zweiphotonenabsorption auf das normierte photoakustische Signal unter einem Prozent zu halten. Werden zu hohe Intensitäten für die Messung gewählt, so kann es ansonsten zu einer fehlerhaften Bestimmung des Absorptionskoeffizienten hin zu höheren Werten kommen. Ebenfalls ist es möglich, dass Absorptionsbanden nicht erkannt werden, da der Energieeintrag durch Zweiphotonenabsorption den der linearen Absorption dominiert und folglich die Bildung des photoakustischen Signals beherrscht. Die Folge ist eine „Verdeckung" linearer Absorptionsmerkmale. Abbildung 5.10 zeigt das mit einem Gitterspektrometer gemessene Absorptionsspektrum eines eisendotierten $LiNbO_3$-Kristalls und zwei photoakustische Messungen. Das photoakustisch gemessene Spektrum, das dem qualitativen Verlauf der Gitterspektrometermessung folgt, wurde mit Pulsenergien kleiner 1 mJ und einem großen Anregungsstrahlradius $R_f \geq 1$ mm gemessen. Für die andere photoakustische Messung wurden Pulsenergien im Bereich 1 mJ bei einer deutlich stärkeren Fokussierung des Laserstrahl $R_f \leq 0{,}5$ mm verwendet. Während das photoakustisch gemessene Absorptionsspektrum bei kleinen Anregungsenergien qualitativ mit der Messung des Gitterspektrometers übereinstimmt, hängt die Größe des normierten photoakustischen Signals bei hohen Anregungsintensitäten von der Anregungsenergie ab. In diesem Fall ist die Absorptionsbande bei 482 nm durch die Zweiphotonenabsorption verdeckt.

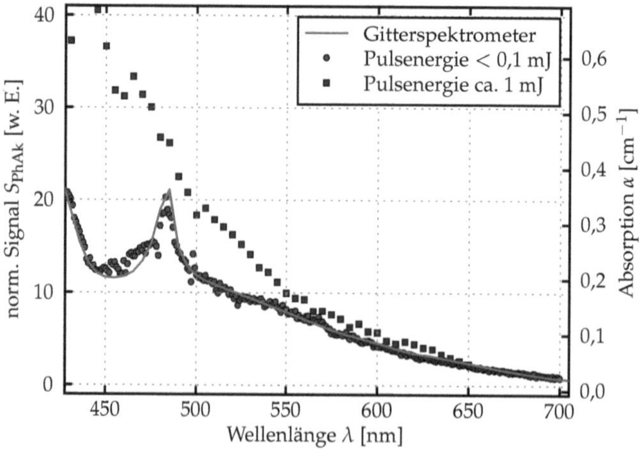

Abbildung 5.10: *Absorptionsspektrum eines eisendotierten $LiNbO_3$-Kristalls (Fe:LN1) gemessen mit dem Gitterspektrometer und dem photoakustischen Spektrometer. Bei hohen Intensitäten dominiert die Zweiphotonenabsorption, und wesentliche Absorptionsmerkmale werden verdeckt.*

5.2.2 Induzierte Absorption

Lichtabsorption kann zu transienten oder dauerhaften Änderungen des Absorptionsspektrums führen, siehe Kap. 2.1.4. Im Folgenden werden Messergebnisse zu lichtinduzierten Absorptionsänderungen vorgestellt.

Lithiumniobat

In magnesiumdotierten $LiNbO_3$-Kristallen lässt sich nach einer intensiven Beleuchtung mit Licht der Wellenlänge 420 nm bei Intensitäten oberhalb der Übergangsintensität I_{ZPA} eine Erhöhung der Absorption im Wellenlängenbereich oberhalb 700 nm beobachten, siehe Abb. 5.11. Durch die Anregung werden bereits bestehende jedoch schwache Absorptionsbanden bei den Wellenlängen 820, 900 und 1090 nm verstärkt; zudem steigt die Absorption im gesamten dargestellten Spektralbereich leicht an. Die induzierte Erhöhung der Absorption ist zeitlich stabil, eine Beleuchtung der Probe mit Licht im Wellenlängenbereich unterhalb 720 nm führt zur Löschung der induzierten Absorption. Der in Abb. 5.11 dargestellte Verlauf „nach Löschung" wurde nach einer ca. einminütigen Beleuchtung der Probe mit Licht der Wellenlänge 710 nm gemessen.

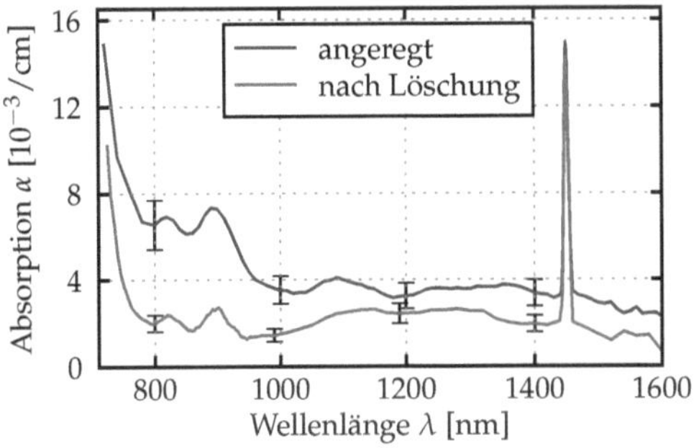

Abbildung 5.11: *Photoakustische Messung des Absorptionsspektrums einer magnesiumdotierten $LiNbO_3$-Probe (Mg:LN) nach einer intensiven Beleuchtung mit Licht der Wellenlänge 420 nm oberhalb der Übergangsintensität und nach einer Löschung mit Licht der der Wellenlänge 710 nm.*

Lithiumtriborat

Das Absorptionsspektrum der untersuchten LBO-Probe (LBO1) ändert sich durch Beleuchtung des Kristalls mit UV-Licht: Wird die Probe mit intensivem Anregungslicht im Wellenlängenbereich beginnend bei 400 nm bis zu 260 nm untersucht, so wird für Wellenlängen unterhalb 320 nm ein dominierender ZPA-Anteil beobachtet. Bei einer Wiederholung der Messung mit geringeren Pulsenergien im Bereich 0,1 mJ dominiert die lineare Absorption die Erzeugung des photoakustischen Signals bis zu Wellenlängen kleiner 265 nm.

Kommt es während der photoakustischen Messung zu starker ZPA, so bewirkt dies eine über mehrere Tage stabile Änderung des Absorptionsspektrums, siehe Abb. 5.12: Nach der Anregung mit Licht der Wellenlänge 260 nm oberhalb der Übergangsintensität ist der Absorptionskoeffizient im Wellenlängenbereich 260 – 600 nm erhöht. Die Amplitude der induzierten Absorption ist größer für kürzere Wellenlängen. Die Änderung des Absorptionsspektrums ist stabil, die Amplitude der induzierten Absorption bleibt über 14 Tage hin nahezu konstant.

Eine photoakustische Messung der Absorption im Wellenlängenbereich unterhalb 260 nm ist schwierig aufgrund des steigenden Zweiphotonenabsorptionskoeffizienten β hin zu kurzen Wellenlängen: In diesem Wellenlängenbereich ist die Übergangsintensität kleiner als 0,5 MW/cm^2, so dass die Pulsenergie des Anregungslichts mit der $\lambda/2$-Platte, siehe Kap. 3.3.2, nicht stabil auf hinreichend kleine Werte eingestellt werden kann. Eine Abschwächung mit einem Neutralfilterglas ist in diesem Wellenlängenbereich nicht möglich, da Neutralfilter für den UV-Bereich nicht kommerziell erhältlich sind.

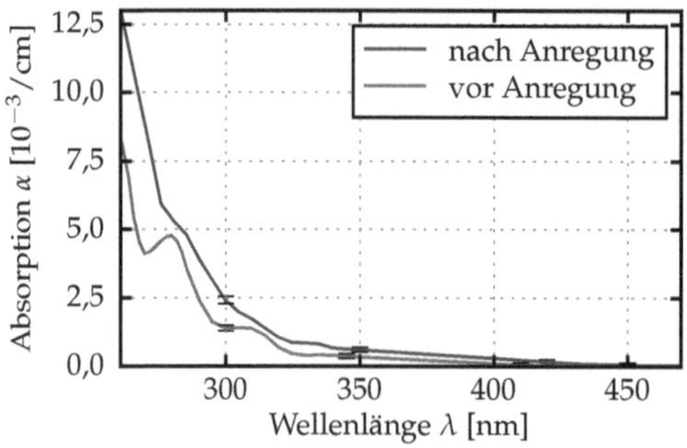

Abbildung 5.12: *Photoakustische Messung des Absorptionsspektrums des Kristalls LBO1 für y-polarisiertes Licht vor und nach einer intensiven Beleuchtung mit Anregungslicht der Wellenlänge 260 nm.*

Kalziumfluorid

Ebenso wie die LBO-Probe lässt sich das Absorptionsspektrum des untersuchten CaF_2-Kristalls mit intensivem UV-Licht verändern, siehe Abb. 5.13. Die Probe wird durch eine Beleuchtung bei der Wellenlänge 220 nm oberhalb der Übergangsintensität I_{ZPA} angeregt. In Folge dessen erhöhen sich die Absorptionskoeffizienten im gesamten photoakustisch gemessenen Spektrum. Die Absorptionsbande bei der Wellenlänge 306 nm wird durch den erhöhten Absorptionsuntergrund verdeckt, während die Absorptionsbanden bei 580, 710, 850 – 1100 und 1300 – 1600 nm durch die Anregung an Bandintensität gewinnen. Die beobachtete Absorptionserhöhung ist über Stunden stabil.

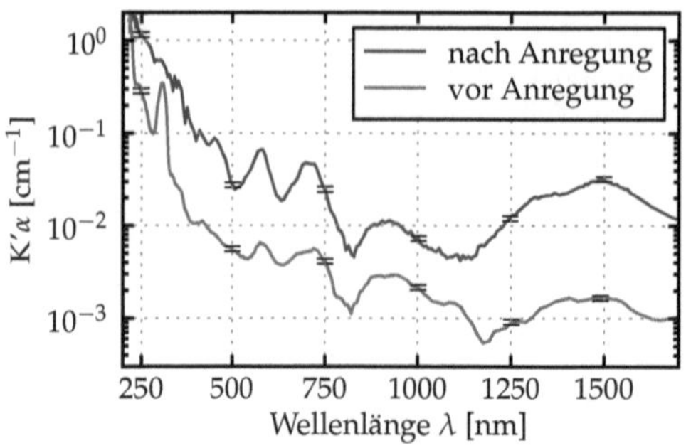

Abbildung 5.13: *Photoakustische Messung des Absorptionsspektrums der CaF_2-Probe vor und nach einer intensiven Beleuchtung mit Anregungslicht der Wellenlänge 220 nm.*

5.2.3 Ausbleichen

Beleuchtet man einen undotierten kongruent schmelzenden $LiNbO_3$-Kristall mit Licht einer Weißlichtlampe (Schott KL 1500 LCD) im Intensitätsbereich 10 W/cm^2, so verändert die Beleuchtung das Absorptionsspektrum, wie in Abb. 5.14 dargestellt. Die Absorption verringert sich in den Wellenlängenbereichen 400 – 650 nm und 900 – 1700 nm durch die simultane Beleuchtung: Der Kristall bleicht in diesen Wellenlängenbereichen aus. Nach Ausschalten der Weißlichtlampe erhält man das gleiche Absorptionsspektrum wie vor der Beleuchtung, das Ausbleichen ist vollkommen reversibel.

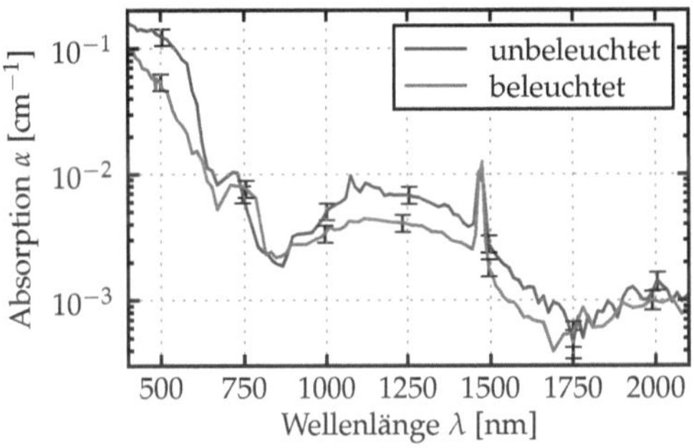

Abbildung 5.14: *Photoakustische Messung des Absorptionsspektrums einer undotierten $LiNbO_3$-Probe (LN1) für o-polarisiertes Licht mit und ohne zusätzliche Beleuchtung durch eine Weißlichtlampe während der Messung.*

6 Kapitel Diskussion

Im ersten Teil dieses Kapitels werden die Eigenschaften des entwickelten photoakustischen Spektrometers diskutiert. Hierzu gehören unter anderem eine Abschätzung der erreichbaren Nachweisgrenze für Absorptionsmessungen, eine Bewertung der konkurrierenden Effekte und eine Einordnung des photoakustischen Spektrometers im Vergleich zu anderen Absorptionsmessverfahren. Der zweite Teil dieses Kapitels widmet sich den untersuchten optischen Materialien, der Identifikation gemessener Absorptionsbanden und der Diskussion beobachteter Absorptionsänderungen.

6.1 Photoakustisches Spektrometer

6.1.1 Detektion photoakustischer Wellen

Frequenzbereich

Der optische Nachweis der erzeugten photoakustischen Wellen zeigt, dass diese Frequenzanteile bis 12 MHz besitzen. Die in Abb. 4.7 dargestellte Messung zeigt außerdem eine Resonanz bei 6,7 MHz. Diese liegt in etwa bei der erwarteten Frequenz $1/\tau_a = v/R_f \approx 7$ MHz, siehe Kap. 2.2.2, mit $v = 7000$ m/s [43] und $R_f =$ 1 mm. Die Piezoantwort auf die photoakustischen Schallwellen hat Frequenzanteile bis ca. 4 MHz, siehe Abb. 4.9. Folglich kann der Piezosensor die photoakustische Druckwelle nicht zeitaufgelöst messen, da diese Frequenzanteile oberhalb der Resonanz des Piezosensors besitzt. Hochfrequente Druckwellen führen theoretisch zu einer Anregung einer Piezosensorschwingung auf dessen Resonanzfrequenz, wie in Kap. 2.2.3 beschrieben. Ein ähnliches Verhalten wurde experimentell beobachtet, siehe Abb. 4.7 und 4.9: Obwohl die photoakustischen Druckwellen hauptsächlich Frequenzanteile nahe 7 MHz besitzen, kommt es zur Anregung des Piezosensors in dessen Frequenzbereich.

Schnellere Piezosensoren, die der photoakustischen Druckwelle folgen können, würden zu einer Steigerung der Detektionseffizienz führen. Empfindliche Drucksensoren mit Resonanzfrequenzen oberhalb 7 MHz sind jedoch kommerziell nicht erhältlich. Es ist außerdem zu beachten, dass die Empfindlichkeit der Piezosensoren mit steigender Resonanzfrequenz sinkt, da hierfür kleinere Piezoelemente verbaut werden müssen.

Linearität

In den Abbildungen 6.1 und 6.2 ist die photoakustische Spannung U_{PhAk} und die korrelierte photoakustische Spannung $U_{\mathrm{PhAk}}^{\mathrm{kor}}$, siehe Kap. 3.2.3, gegen die Pulsenergie E_{puls} aufgetragen. An die Messwerte $U_{\mathrm{PhAk}}^{\mathrm{kor}}$ ist jeweils eine Ursprungsgerade angepasst. Für photoakustische Spannungen im Bereich $1\ \mathrm{mV} < U_{\mathrm{PhAk}} < 1\ \mathrm{V}$ gilt $U_{\mathrm{PhAk}} \approx U_{\mathrm{PhAk}}^{\mathrm{kor}}$. Bei kleinen Messwerten dominiert der Rauschuntergrund die photoakustische Spannung U_{PhAk}. Dieser ist für die korrelierte Spannung $U_{\mathrm{PhAk}}^{\mathrm{kor}}$ zu kleineren Werten hin verschoben, die untere Grenze ist in Kap. 6.1.4 beschrieben. Für photoakustische Spannungen unterhalb 1 V ergibt sich sowohl für die Messung bei geringer Absorption, Abb. 6.1, als auch bei großer Absorption, Abb. 6.2, ein linearer Zusammenhang $U_{\mathrm{PhAk}}^{\mathrm{kor}} \propto E_{\mathrm{puls}}$.

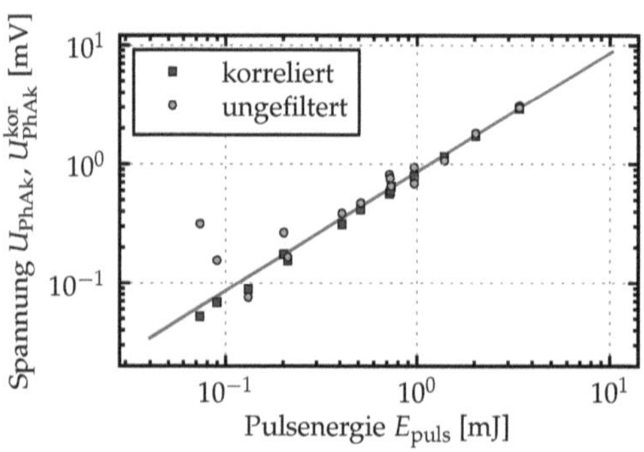

Abbildung 6.1: *Abhängigkeit der photoakustischen Spannung U_{PhAk} und der korrelierten Spannung $U_{\mathrm{PhAk}}^{\mathrm{kor}}$ von der Pulsenergie E_{puls} für eine Lithiumtriborat-Probe (LBO1) bei der Anregungswellenlänge $\lambda = 1600$ nm. An die gefilterten Messwerte $U_{\mathrm{PhAk}}^{\mathrm{kor}}$ ist eine Ursprungsgerade angepasst.*

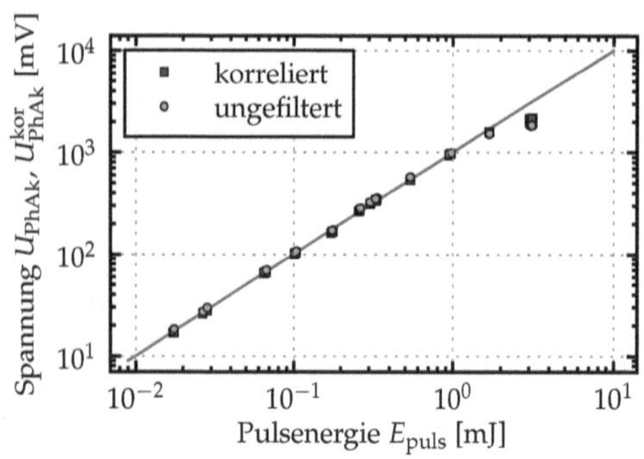

Abbildung 6.2: *Linearität für große Piezosignale: Abhängigkeit der photoakustischen Spannung U_{PhAk} und der korrelierten Spannung $U_{\mathrm{PhAk}}^{\mathrm{kor}}$ von der Pulsenergie E_{puls} für eine Kupfer-dotierte $LiNbO_3$-Probe (Cu:LN) bei der Anregungswellenlänge $\lambda = 900$ nm. An die gefilterten Messwerte ist für $U_{\mathrm{PhAk}}^{\mathrm{kor}} < 1$ V eine Ursprungsgerade angepasst.*

Die Abweichung vom linearen Verhalten für $U_{\mathrm{PhAk}} > 1$ V ist auf den Spannungsverstärker zurückzuführen, siehe Kap. 3.2.3. Dieser ist zwar für Ausgangsspannungen bis 3,5 V spezifiziert, jedoch führt der Bandpassfilter, der zwischen dem

Spannungsverstärker und dem Oszilloskop eingebaut ist, zu einer Abschwächung des verstärkten Piezosignals um einen Faktor 2, so dass maximal photoakustische Spannungen U_{PhAk} bis 2 V zu erwarten sind. Bei einer Schaltung des Bandpassfilters vor dem Spannungsverstärker oder ohne Bandpassfilter ist die photoakustische Spannung U_{PhAk} linear bis ca. 3 V. Das Oszilloskop ist in diesem Fall der begrenzende Faktor, da bei diesem der Überspannungsschutz ab Messsignalen von 4 V einsetzt. Eine Erweiterung des linearen Dynamikbereichs hin zu größeren Spannungen U_{PhAk} ist – abgesehen von der Kalibrierung anhand Zweiphotonenabsorption – nicht von Interesse, da ein Übersteuern während der photoakustischen Messungen durch eine automatische Abschwächung der Pulsenergie vermieden wird.

Die gezeigte lineare Abhängigkeit der photoakustischen Spannung U_{PhAk} bzw. $U_{\text{PhAk}}^{\text{kor}}$ von der Pulsenergie E_{puls} ist elementar für die Gültigkeit der Kalibrierung des photoakustischen Spektrometers, da hierfür (2.17) gelten muss. Um (2.17) vollständig zu überprüfen, müsste zusätzlich nachgewiesen werden, dass die photoakustische Spannung U_{PhAk} linear mit dem Absorptionskoeffizienten α skaliert. Da es keine Proben gibt, bei denen sich der Absorptionskoeffizient α frei einstellen lässt, ist hierfür nur ein Vergleich der photoakustisch bestimmten Spektren mit herkömmlich gemessenen Absorptionsspektren möglich. Die gewonnenen Spektren stimmen im Rahmen der Messgenauigkeit qualitativ überein, siehe Abb. 4.18, 4.21 und 4.22. Es konnte folglich bisher keine Abweichung vom linearen Zusammenhang zwischen U_{PhAk} und α beobachtet werden.

6.1.2 Eigenschaften der photoakustischen Wellen

Typ der erzeugten Wellen

Schallgeschwindigkeit Die Schallgeschwindigkeit der photoakustischen Wellen lässt sich aus der Abhängigkeit der Verzögerungszeit τ_{verz} von der Entfernung des Piezosensors zum Anregungsort r bestimmen. Diese ist in Abb. 6.3 für die $LiNbO_3$-Probe LN2 dargestellt. Eine Anpassung an die Messdaten ergibt die Schallgeschwindigkeit $v = 5200(\pm 300)$ m/s. Der Messfehler ergibt sich aus der Standardabweichung bei der Bestimmung der Ausgleichsgeradensteigung $a = 0{,}194$ µs/mm, siehe Abb. 6.3, gemäß $\Delta a = \sqrt{(\chi^2/\text{N}_{\text{frei}})\, C_{\text{var}}} = 0{,}013$ µs/mm, wobei χ^2 die Summe der quadrierten Abweichungen der Messpunkte von der Ausgleichsgerade ist, N_{frei} ist die Anzahl der Freiheitsgrade, sie berechnet sich aus der Anzahl der Messpunkte minus der Anzahl der bei der Anpassung verwendeten Parameter und C_{var} ist der zum Parameter a gehörende Diagonaleintrag der Kovarianzmatrix [137]. Der Messfehler kann alternativ aus der Unsicherheit der Einzelmessungen mit $\Delta\tau_{\text{verz}} = 0{,}25$ µs und anhand der Entfernungen des Piezosensors zum Anregungsort r_{i} zu $\Delta a = 0{,}009$ µs/mm und folglich $\Delta v = 240$ m/s abgeschätzt werden. Die in dieser Arbeit angegebene Messfehler beziehen sich jedoch stets auf die weiter oben beschriebene Standardabweichung, die sich aus der jeweiligen Anpassung unter Berücksichtigung der einzelnen Messfehler ergibt.

Die Anpassung trifft nicht den Koordinatenursprung, da der relative Abstand mit $\Delta^{\text{relativ}}r \approx 0{,}5$ mm zwar recht genau zu bestimmen ist, der absolute Abstand experimentell jedoch nur recht grob ermittelt wurde $\Delta^{\text{absolut}}r \approx 5$ mm.

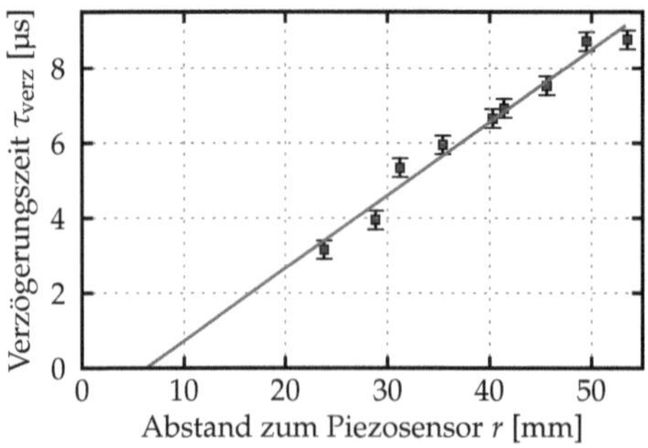

Abbildung 6.3: *Abhängigkeit der Verzögerungszeit τ_{verz} von der Entfernung des Piezosensors zum Anregungsort r für eine undotierte $LiNbO_3$-Probe (LN2). An die Messwerte ist eine Gerade angepasst.*

Die Ausbreitungsgeschwindigkeit der schnellsten photoakustisch erzeugten Druckwelle entlang der y-Richtung, 5200 m/s, ist deutlich größer als die Schallgeschwindigkeiten von Transversal- oder Oberflächenwellen (ca. 3500 m/s), und gleichzeitig deutlich kleiner als die Ausbreitungsgeschwindigkeit longitudinaler Schallwellen (ca. 7000 m/s), siehe Kap. 2.2.3 und [43]. Die ermittelte Ausbreitungsgeschwindigkeit liegt im Bereich der Schallgeschwindigkeit symmetrischer Lamb-Wellen, siehe Kap. 2.2.3 und [82]. Die Wellenlänge kann mit Hilfe der Trägerfrequenz (6,7 MHz) abgeschätzt werden, sie ist mit 0,8 mm im Bereich der Probendicke. Folglich ist das Verhältnis der Plattendicke zur akustischen Wellenlänge $d/\lambda_{\text{aku}} \approx 1{,}3$. Die gemessene Ausbreitungsgeschwindigkeit zusammen mit dem Verhältnis d/λ_{aku} lässt den Rückschluss zu, dass die photoakustische Druckwelle, die den Piezosensor nach der Anregung als erste erreicht, eine symmetrische Lamb-Welle ist, siehe Kap. 2.2.3.

Zeitlicher Verlauf Der gemessene zeitliche Verlauf der photoakustischen Druckwelle, Abb. 4.6, weicht vom berechneten Verlauf, Abb. 2.8, ab. Während der theoretische Verlauf nur zwei Extrema enthält, einen positiven Ausschlag gefolgt von einem negativen, wird bei der Messung eine periodische Schwingung beobachtet. Die Abweichung kann mehrere Ursachen haben:

- Bei der Berechnung der photoakustischen Druckwelle werden die Oberflächen der Probe vernachlässigt. Die Rechnung gilt daher nur für unendlich ausgedehnte Volumina, nicht für dünne Platten.
- Kräfte, die nur in Festkörpern vorkommen, beispielsweise die Scherkraft, oder der piezoelektrische Effekt, werden bei der theoretischen Beschreibung in Kap. 2.2.3 nicht berücksichtigt.

- Neben den symmetrischen Lamb-Wellen können zusätzlich Oberflächenwellen und asymmetrische Lamb-Wellen photoakustisch erzeugt werden. Diese breiten sich im Vergleich zu symmetrischen Lamb-Wellen mit geringerer Geschwindigkeiten aus und passieren folglich nacheinander den Testlaserstrahl.

Alle aufgeführten Effekte erklären ein Abweichen des zeitlichen Verlaufs der photoakustischen Druckwelle von der – für den Fall einer Flüssigkeit oder eines Gases – berechneten Form in Abb. 2.8. Abgesehen von den akustischen Oberflächenwellen, die durch Strahlungsdruck oder Oberflächenabsorption hervorgerufen werden können, siehe Kap. 6.1.5, ist zu erwarten, dass die Amplitude der zusätzlichen Anteile der photoakustischen Druckwellen ebenso wie die reine photoakustische Druckwelle proportional zum Produkt aus Absorptionskoeffizienten α und Anregungspulsenergie E_{puls} ist, so dass (2.17) seine Gültigkeit behält. Im Rahmen der Untersuchungen konnten keine Hinweise auf ein Abweichung von dieser Linearität gefunden werden, siehe Kap. 6.1.1.

Abhängigkeit vom Strahlradius

In Abbildung 6.4 ist das normierte photoakustische Signal S_{PhAk} gegen den Strahlradius R_{f} aufgetragen. An die Messwerte ist die Funktion $S_{\text{PhAk}} = A/(R_{\text{f}})^b$ angepasst, man erhält $A = 49(\pm 2{,}6)$ und $b = 1{,}15(\pm 0{,}05)$. Die gemessene Abhängigkeit weicht von der in (2.11) beschriebenen Form ab, dort ist $b = 1{,}5$. Die Abweichung kann einerseits durch den nicht Gauß-förmigen Anregungsstrahl erklärt werden. Das qualitative Strahlprofil der Anregungspulse ist in Abb. 4.25 dargestellt. Andererseits bestimmt der Strahlradius R_{f} das Frequenzspektrum der photoakustischen Druckwellen, siehe Kap. 2.2.2. Ein größerer Strahlradius R_{f} führt zur Erzeugung niederfrequenterer photoakustischer Druckwellen, da $\tau_{\text{a}} \approx R_{\text{f}}/v$ ist. Diese besitzen wiederum eine höhere frequenzabhängige Koppeleffizienz η_{freq}, siehe Kap. 2.2.4, da ihre Trägerfrequenz, ca. $1/\tau_{\text{a}}$, näher an der Resonanzfrequenz des Piezosensors ist. Dies erklärt eine schwächere Abhängigkeit des normierten photoakustischen Signals S_{PhAk} vom Strahlradius R_{f} und folglich die Beobachtete Abweichung des Parameters b hin zu kleineren Werten.

6.1.3 Kalibrierung

Die Umrechnung des normierten photoakustischen Signals S_{PhAk} in Absorptionskoeffizienten α ist wichtig für die Interpretation gewonnener Messergebnisse. In Folgenden werden die in Kap. 4.4 vorgestellten Methoden zur Kalibrierung des photoakustischen Spektrometers diskutiert.

Bekannte Absorptionsbanden

Liegen Absorptionsbanden im zugänglichen Wellenlängenbereich des photoakustischen Spektrometers, 212 – 2500 nm, deren Absorptionsintensität mit anderen Me-

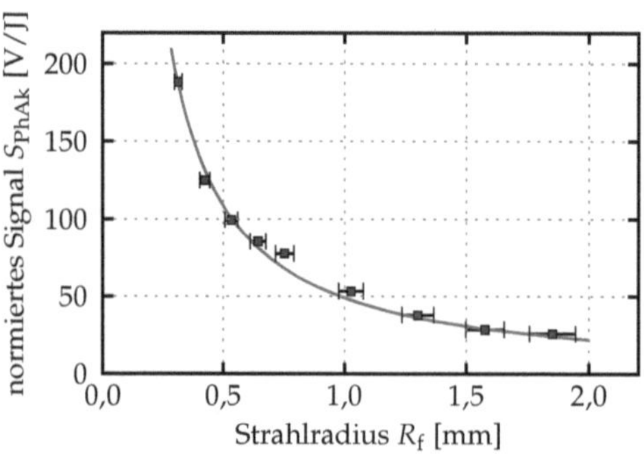

Abbildung 6.4: *Abhängigkeit des normierten photoakustischen Signals S_{PhAk} vom Anregungsstrahldurchmesser R_f. Die verwendete Probe ist ein undotierter x-Schnitt $LiNbO_3$-Kristall (LN1). An die Messwerte ist die Funktion $S_{PhAk} = A/(R_f)^b$ angepasst, man erhält $A = 49(\pm 2{,}6)$ und $b = 1{,}15(\pm 0{,}05)$.*

thoden bestimmt werden kann, so erfolgt die Kalibrierung über einen direkten Vergleich beider Messungen, siehe Kap. 4.4.1. Der Vorteil einer solchen Kalibrierung ist, dass der Kalibrierungskoeffizient K für jede Ankopplung der Probe an den Piezosensor einzeln bestimmt werden kann. Auf diese Weise erhält man einen Kalibrierungskoeffizienten K, der unabhängig von der erreichten akustischen Koppeleffizienz zwischen Probe und Piezosensor, η_{koppel}, ist. Zudem lässt sich die Stabilität und Reproduzierbarkeit des Kalibrierungskoeffizienten K für einen Probeneinbau bestimmen. Nach einer zweistündigen Warmlaufzeit des Lasersystems ist K stabil, die relative Standardabweichung bei vier wiederholten Messungen von K beträgt $\Delta K/K = 3\%$.

Bei der Kalibrierung an bekannten Absorptionsbanden ist zu beachten, dass – wenn möglich – keine Absorptionsbanden verwendet werden sollten, die zur Anregung metastabiler Zustände oder zu Lumineszenz führen, da hier der photoakustische Wirkungsgrad $\eta_W < 1$ ist. Dies führt zu einer Unterschätzung des Kalibrierungskoeffizienten K, so dass α nicht mehr sauber bestimmt werden kann. Eine Kalibrierung anhand der Bandkante ist mit diesem Kalibrierungsverfahren sehr herausfordernd, da der Zweiphotonenabsorptionskoeffizienten β für Wellenlängen nahe der Bandkante stark ansteigt [51]. Die hohen Intensitäten der Nanosekundenlaserpulse führen folglich selbst bei niedrigen Pulsenergien zu Zweiphotonenabsorption. Eine Kalibrierung anhand der Mehrphononenabsorptionskante ist optimal, β ist hier in der Regel zu vernachlässigen, und der photoakustische Wirkungsgrad η_W liegt nahe eins, da die bei der Mehrphononenabsorption absorbierte Lichtenergie quasi instantan in Wärme umgewandelt wird.

Referenzproben

Eine weitere Möglichkeit ist die Kalibrierung mit Hilfe von Referenzproben. Hier ist zu beachten, dass der gewonnene Kalibrierungskoeffizient nur gültig ist, wenn sowohl der Strahldurchmesser R_f als auch der Abstand des Piezosensors zum Anregungsort r gleich sind, d. h. wenn die Positionen des Probenhalters für die Kalibrierung und Messung unverändert sind. Außerdem muss bei uni- oder biaxialen Kristallen die Achsenausrichtung berücksichtigt werden. Der Vorteil ist, dass dieses Verfahren angewendet werden kann, wenn keine bekannten Absorptionsbanden im zugänglichen Wellenlängenbereich vorhanden sind oder wenn photoakustische Messungen nur bei wenigen Wellenlängen möglich sind.

Zweiphotonenabsorption

Die in Kap. 4.4.3 vorgestellte Kalibrierungsmethode anhand Zweiphotonenabsorption (ZPA) bietet eine weitere unabhängige Möglichkeit, photoakustische Messungen zu kalibrieren. Die Methode ist gut geeignet, wenn nur wenige Anregungswellenlängen zur Verfügung stehen, insbesondere dann, wenn alternativ nur eine Kalibrierung mit Referenzproben möglich ist und der damit gewonnene Kalibrierungskoeffizient verifiziert werden soll. Der Nachteil ist die große Ungenauigkeit des Verfahrens. Diese kommt zum einen dadurch zu Stande, dass bei der Herleitung der Beziehung (4.8) Gauß-förmige Anregungspulse, mit dem in (4.3) beschriebenen Verlauf, vorausgesetzt sind. Die benötigte Strahlqualität wird mit dem verwendeten Laser-OPO-System nicht erreicht, siehe Kap. 4.2. Zum anderen ist die optische Bestimmung des ZPA-Koeffizienten β recht ungenau, da sich der Transmissionsgrad nur um wenige Prozent ändert. Die Verwendung höherer Lichtintensitäten würde bei der optischen Bestimmung von β helfen, jedoch ist eine weitere Steigerung der verwendeten Lichtintensitäten aufgrund der Zerstörschwelle der untersuchten $LiNbO_3$-Kristalle nicht möglich.

Bewertung

Tabelle 6.1 zeigt eine Gegenüberstellung der beschriebenen Kalibrierungsverfahren. Hieraus geht klar hervor, dass eine Kalibrierung anhand bekannter Absorptionsbanden die genaueste Methode ist. Der einzige Nachteil ist die nötige Voraussetzung, dass hinreichend ausgeprägte Absorptionsbanden im zugänglichen Spektralbereich, 212 – 2500 nm, vorhanden sind, deren Bandintensität mit einem Standardverfahren bestimmt werden kann. Ist dies nicht der Fall, so können dotierte Referenzproben zur Kalibrierung verwendet werden. Der entscheidende Nachteil dieser Methode ist, dass eine unterschiedliche Koppeleffizienz η_{koppel} bei den Messungen mit der Referenzprobe und der zu untersuchenden Probe nicht berücksichtigt werden kann. Aus diesem Grund besitzt eine solche Kalibrierung stets eine Standardabweichung von $\pm 17\%$, siehe Kap. 4.3.4. Für den Fall, dass weder ausgeprägte Absorptionsbanden im zugänglichen Spektralbereich liegen, noch geeignete Referenzproben vorhanden sind, kann mit Hilfe der ZPA-Methode eine Abschätzung des Kalibrierungskoeffizienten erfolgen. Der Vorteil der Methode ist, dass sie für nahezu alle Materialien angewendet werden kann; der Nachteil ist die große Messunsicherheit bei der Bestimmung von K.

Die unterschiedliche Größe der gewonnenen Kalibrierungskoeffizienten für photoakustische Messungen an den untersuchten Lithiumniobatkristallen ist im Wesent-

	bekannte Absorptionsbanden	Referenzproben	ZPA
relative Abweichung $\Delta K/K$	$\pm3\%$	$\pm17\%$	ungenau ca. $^{+100}_{-50}\%$
Voraussetzung	Absorptionsbande bei 212 nm$< \lambda <$ 2500 nm, nicht Bandkante	dotierte Probe des gleichen Materials	-
Anregungslicht	durchstimmbar	eine Wellenlänge reicht	eine Wellenlänge reicht
Gewinn zusätzlicher Informationen	qualitative Übereinstimmung der α-Spektren	qualitative Übereinstimmung der α-Spektren	ZPA-Koeffizient β

Tabelle 6.1: *Vergleich der vorgestellten Kalibrierungsverfahren.*

lichen auf eine Änderung der Kristallposition – und folglich der Größen r oder R_f – zurückzuführen.

6.1.4 Nachweisgrenze

In Abbildung 6.5 ist die mittlere Abweichungen der photoakustischen Spannung $< |U^{kor}_{PhAk}| >$ gegen die Mittelungsdauer t_m aufgetragen, siehe Abb. 4.12. Eine Anpassung der Funktion $< |U^{kor}_{PhAk}| >= A/\sqrt{t_m}$ an die Messwerte ergibt $A = 0{,}441(\pm0{,}003)$ mV. Die Amplitude der mittleren Abweichung sinkt nach 20 s Messzeit (200 Mittelungen) unter 0,1 mV, sie kann im Rahmen der Fehlergrenze im gesamten Messintervall durch $< |U^{kor}_{PhAk}| >\propto 1/\sqrt{t}$ beschrieben werden. Dies deutet darauf hin, dass $< |U^{kor}_{PhAk}| >$ für lange Mittelungsdauern gegen Null strebt.

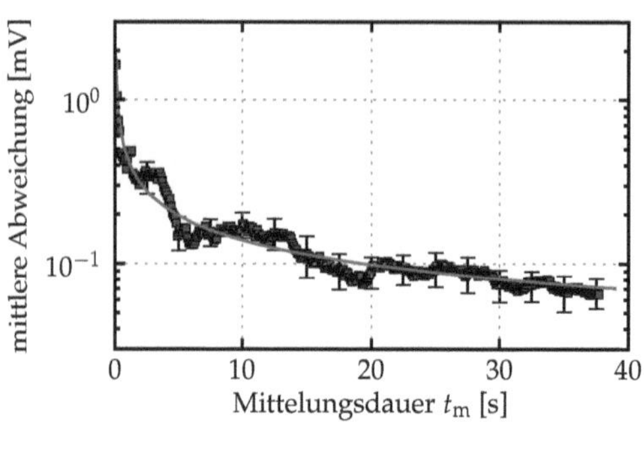

Abbildung 6.5: *Die mittlere Abweichung des korrelierten photoakustischen Signals aufgetragen gegen die Mittelungsdauer t_m. Eine Anpassung der Funktion $< |U^{kor}_{PhAk}| >\propto 1/\sqrt{t_m}$ ergibt $A = 0{,}441(\pm0{,}003)$ mV/$\sqrt{\text{Hz}}$.*

Die Nachweisgrenze $\alpha_{\mathrm{min}}^{\mathrm{rauschen}}$ skaliert reziprok mit dem Produkt aus Pulsenergie E_{pulse} und Kalibrierungskoeffizient K. Folglich ist die Begrenzung der Nachweisgrenze durch elektronisches Rauschen gegeben durch

$$\alpha_{\mathrm{min}}^{\mathrm{rauschen}}(\lambda) \approx \frac{0{,}44 \times 10^{-3}\mathrm{V}/\sqrt{\mathrm{Hz}}}{E_{\mathrm{pulse}}(\lambda)K\sqrt{t_{\mathrm{m}}}}. \tag{6.1}$$

Bei einer Pulsenergie von 50 mJ, dem Kalibrierungskoeffizienten der LBO-Messung ($K = 785$ cmV/J) und einer Mittelungszeit $t_{\mathrm{m}} = 20$ s ergibt sich $\alpha_{\mathrm{min}}^{\mathrm{rauschen}} \approx 3 \times 10^{-6}$ cm^{-1}. Dieser Wert ist etwas kleiner als die niedrigsten gemessenen Absorptionskoeffizienten, siehe Abb. 5.5. Es ist zu beachten, dass mit dem verwendeten Laser-OPO-System in einigen Wellenlängenbereichen deutlich geringere Pulsenergien zur Verfügung stehen, insbesondere ist dies der Fall bei 212 – 216, 350 – 406 und 2000 – 2500 nm. Die größten Pulsenergien und damit die beste Nachweisgrenze wird zwischen 410 – 600 nm und 900 – 1600 nm erreicht.

Eine weitere Verbesserung der Nachweisgrenze ist theoretisch durch eine längere Mittelungsdauer t_{m} möglich, jedoch ist hier zu beachten, dass eine Steigerung der Nachweisgrenze um eine Größenordnung eine hundertmal längere Mittelungsdauer erfordert, also eine halbe Stunde pro Messwert.

In den gezeigten photoakustischen Spektren sind teilweise Plateaus minimaler Absorption zu sehen: 10^{-5} cm^{-1} für Lithiumtriborat und 10^{-4} cm^{-1} für α-Bariumborat. Die photoakustischen Spannungen $U_{\mathrm{PhAk}}^{\mathrm{kor}}$ liegen bei diesen Plateaus oberhalb der Nachweisgrenze, so dass diese nicht der limitierende Faktor ist. Ausnahmen bilden die Messung an magnesiumdotierten Lithiumniobat bei außerordentlicher Polarisation und an CaF_2 im Wellenlängenbereich 1800 – 2500 nm: Die Bestimmungen der photoakustischen Spannungen $U_{\mathrm{PhAk}}^{\mathrm{kor}}$ erfolgt aufgrund der geringen Pulsenergie in diesem Wellenlängenbereich am Rande der Nachweisgrenze.

6.1.5 Konkurrierende Effekte

In die Abschätzung der Nachweisgrenze (6.1) ist weder Streulicht noch sind andere konkurrierende Effekte, die zu zusätzlichen akustischen Signalen führen können, berücksichtigt. Kommt es aufgrund zusätzlicher akustischer Signale, die unabhängig vom Absorptionskoeffizienten α sind, zu einer zusätzlichen Piezospannung U_{zus}, so kann dieses Signal zu einem Versatz der gemessenen photoakustischen Spannung $U_{\mathrm{PhAk}}^{\mathrm{kor}}$ führen. Im Folgenden ist der Einfluss einiger konkurrierender Effekte diskutiert.

Elektrostriktion

Die Elektrostriktion ist der in der Literatur am intensivsten diskutierte konkurrierende Effekt der Photoakustik; sie soll die Nachweisgrenze gepulster photoakustischer

Verfahren – je nach Probenmaterial – auf ca. 10^{-4} cm^{-1} begrenzen, siehe Kap. 2.2.5 und [33, 34, 68, 86, 138].

Im Rahmen dieser Arbeit wurden keine experimentellen Hinweise auf eine Begrenzung durch Elektrostriktion gefunden: In den Absorptionsspektren der untersuchten LBO-Kristalle tritt jeweils eine Untergrundabsorption der Größe 10^{-5} cm^{-1} auf. Um zu testen, ob dieser Wert durch den elektrostriktiven Effekt begrenzt ist, wurden Absorptionsspektren bei unterschiedlichen Anregungsstrahlgeometrieen gemessen, siehe Abb. 4.15. Im Kapitel 2.2.5 wurde gezeigt, dass die Amplitude der elektrostriktiv erzeugten Druckwelle stärker mit der Steilheit des Intensitätsgradienten der Anregungspulse skaliert als die Amplitude der reinen photoakustischen Druckwellen (2.27). Aus diesem Grund sollte eine Änderung der Strahlgeometrie eine Verschiebung des Verhältnisses der Amplitude der reinen photoakustischen Druckwelle zur zusätzlichen Druckwelle hervorrufen. Eine Änderung der Strahlgeometrie wird durch einseitiges Blocken des Laserstrahls mit einer Rasierklinge erreicht. Eine Änderung der Größe der Untergrundabsorption, abhängig von der Anregungsstrahlform wie in (2.27) beschrieben, wurde nicht beobachtet; der quantitative Verlauf des gemessenen photoakustischen Spektrums ist stets gleich. Dies deutet darauf hin, dass die Messungen keinen oder nur einen geringen elektrostriktiven Beitrag besitzen.

Warum spielt der elektrostriktive Effekt eine kleinere Rolle als theoretisch vorhergesagt? Ein entscheidender Grund liegt wahrscheinlich in der Signalauswertung: Durch den Korrelationsfilter, Kap. 3.2.3, wird nur der Anteil des photoakustischen Signals berücksichtigt, der mit dem Referenzsignal R korreliert ist – also in vektorieller Betrachtung parallel zum Referenzsignal R steht. Hierbei wird abgesehen von der Amplitude auch die Phaseninformation berücksichtigt. Der theoretische Verlauf der elektrostriktiv erzeugten Druckwelle und des resultierenden Piezosignals ist proportional zur Ableitung des reinen photoakustischen Signals $S^{\mathrm{el}}_{\mathrm{piezo}}(t) \propto \mathrm{d}S^{\mathrm{A}}_{\mathrm{piezo}}(t)/\mathrm{d}t$, siehe Kap. 2.2.5, und damit – in vektorieller Betrachtung – orthogonal zum Referenzsignal, $< R, S^{\mathrm{el}}_{\mathrm{piezo}} > \approx 0$. Aus diesem Grund ist – selbst bei einer verhältnismäßig großen elektrostriktiv erzeugten Druckwelle – der elektrostriktive Anteil durch die Signalfilterung unterdrückt.

Strahlungsdruck

Der Absorptionskoeffizient α_{min}, für den die Amplitude der durch den Strahlungsdruck erzeugten Druckwelle der Amplitude der reinen photoakustischen Druckwelle entspricht, ist proportional zu $\alpha_{\mathrm{min}} \propto 1/R_{\mathrm{f}}$, siehe Kap. 2.2.5. Da eine solche Abhängigkeit nicht beobachtet wurde, siehe Abb. 4.14 und 4.15, wird davon ausgegangen, dass der Strahlungsdruck – ähnlich wie die Elektrostriktion – keinen oder nur einen verschwindenden Einfluss auf die photoakustisch gemessenen Absorptionsspektren hat.

Volumenphotovoltaischer Piezodruck

Für den volumenphotovoltaischen Piezodruck konnten keine experimentellen Hinweise gefunden werden: Die Größe des volumenphotovoltaischen Piezodrucks sollte anhand der Eisenbanden im Absorptionsspektrum des untersuchten $LiNbO_3$-Kristalls zu beobachten sein: Während die Absorptionsbande im grün-blauen Spektralbereich durch eine Ladungsträgeranregung mit volumenphotovoltaischem Effekt ins Leitungsband zu Stande kommt ($Fe^{2+} \rightarrow Nb^{4+}$) [54, 139], wird das Absorptionsband um 1100 nm durch einen internen Übergang $^5T_2 \rightarrow {}^5E$ im Eisen hervorgerufen [139]. Das Verhältnis der Wirkungsquerschnitte beider Absorptionsbanden ist bekannt, $\sigma^{532}_{Fe^{2+}} = 4 \times 10^{-18}$ cm^2, $\sigma^{1064}_{Fe^{2+}} = 0{,}26 \times 10^{-18}$ cm^2 und $\sigma^{532}_{Fe^{2+}}/\sigma^{1064}_{Fe^{2+}} = 15$ [53, 140]. Würde der volumenphotovoltaische Piezodruck zum photoakustischen Signal beitragen, so würde der Effekt die photoakustische Messung der Absorptionsbande im grün-blauen Spektralbereich beeinflussen, nicht jedoch die Bande im Infraroten. Folglich würde die Messung in Abb. 5.1 von dem vorhergesagten Verhältnis $\sigma^{532}_{Fe^{2+}}/\sigma^{1064}_{Fe^{2+}} = 15$ abweichen. Da dies nicht der Fall ist – der experimentell Wert liegt bei $\sigma^{532}_{Fe^{2+}}/\sigma^{1064}_{Fe^{2+}} = 13(\pm 2)$ – ist davon auszugehen, dass der volumenphotovoltaische Piezodruck nur einen geringen Einfluss auf das detektierte photoakustische Signal hat.

Es gibt mehrere mögliche Gründe, die erklären, warum der volumenphotovoltaische Piezodruck nicht beobachtet wurde. Der offensichtlichste ist die Messgeometrie; diese wurde so gewählt, dass die Verbindungslinie zwischen Anregungsort und Piezosensor parallel zur kristallographischen $\vec{y}$-Achse ist. Die Amplitude des volumenphotovoltaischen Piezodrucks ist nicht isotrop, die Abschätzung gilt nur entlang der kristallographischen $\vec{c}$-Achse, sie ist für andere Richtungen stark unterdrückt. Ebenso ist es möglich, dass die durch den volumenphotovoltaischen Piezodruck erzeugten Schallwellen zu Piezosignalen führt, deren zeitlicher Verlauf von dem durch reine photoakustische Schallwellen hervorgerufenen Piezosignalen abweicht. Dies hätte zur Folge, dass die Detektion der durch den volumenphotovoltaischen Piezodruck erzeugten Schallwellen aufgrund der Filterung mit dem verwendeten Korrelationsverfahren unterdrückt ist.

Ist der Aufbau des volumenphotovoltaischen Feldes gesättigt bevor die photoakustische Messung beginnt, also beispielsweise bereits nach der Aufnahme des Referenzsignals R, so ist ebenfalls von einer Abschwächung des volumenphotovoltaische Piezoeffekt auszugehen.

6.1.6 Vergleich mit anderen Absorptionsmessverfahren

Die Nachweisgrenzen der Laserkalorimetrie [28, 29], der „Photo-Thermal-Common-Path Interferometry" (CPI) [26], der „Laser-Induced-Deflection Technique" (LID) [31] und des – in dieser Arbeit vorgestellten – photoakustischen Spektrometers sind etwa gleich, sie liegen im Bereich weniger ppm/cm, siehe Kap. 2.3. Die Leistungsfähigkeit der Methoden ist jeweils abhängig von der verfügbaren

Anregungslaserleistung und den Materialparametern der untersuchten Proben. Die Photoakustik hat eine hohe Empfindlichkeit für Materialien, die einen großen thermischen Ausdehnungskoeffizienten β_{th} besitzen, wie beispielsweise Lithiumtriborat (LBO), Kaliumdihydrogenphosphat (KDP) und Bismuthborat (BiBO). Sie ist damit oft komplementär zur PCI und LID, die eine hohe Empfindlichkeit für Materialien mit großen thermooptischen Koeffizienten dn/dt besitzen, das sind z. B. Lithiumniobat ($LiNbO_3$), Kaliumtitanylphosphat (KTP) und Saphir (Al_2O_3). Da die LID einen Temperaturgradienten misst, ist es bei dieser Methode darüber hinaus vorteilhaft, wenn die untersuchten Materialien eine geringe thermische Leitfähigkeit λ_w aufweisen.

Ein großer Vorteil der PCI ist, dass die Absorptionskoeffizienten ortsaufgelöst gemessen werden können. Sowohl mit der PCI als auch mit der LID können Oberflächen- und Volumenabsorption getrennt gemessen werden [26, 31]. Die Laserkalorimetrie und die LID haben den Vorteil, dass eine direkte Kalibrierung mit Hilfe eines Heizwiderstandes möglich ist. Eine Gegenüberstellung der Methoden ist in Tabelle 6.2 gegeben.

Das vorgestellte photoakustische Spektrometer erlaubt es, Absorptionsspektren in einem weiten Wellenlängenbereich – statt Absorptionskoeffizienten bei wenigen Wellenlängen – zu messen. Dies bietet erstens die Möglichkeit, Verunreinigungen oder Defekte anhand ihrer spektralen Fingerabdrücke zu identifizieren. Zweitens können die beobachteten Absorptionsänderungen physikalischen Prozessen zugeordnet werden. Beide Informationen sind sehr bedeutsam für die Optimierung der Herstellung optischer Materialien.

	Laserkalorimetrie	thermooptische Verfahren		photoakustisches Spektrometer
		„Laser-Induced Deflection Technique“	Detektion thermischer Linsen	
entscheidende Materialparameter	λ_w	dn/dt, λ_w	dn/dt	β_{th}, v
Nachweisgrenze	10^{-4} W/cm/P_{pump} [16, 29]	$10^{-4} \ldots 10^{-5}$ W/cm/P_{pump} [17]	10^{-5} W/cm/P_{pump} [96]	$10^{-3} \ldots 10^{-4}$ mJ/cm/E_{puls}
Mapping	nein, bzw. zu aufwändig	longitudinal entlang Pumpstrahlachse [141]	3D mit hoher transversaler Auflösung [26]	2D ist möglich
Trennung Oberflächenabsorption	indirekt [16]	ja [141]	ja [26]	nein
Kalibrierung	ISO-Standard [28]	mit Heizdraht [92]	Korrekturfaktor berücksichtigt Materialabhängigkeit [26]	$\Delta K/K \approx 5 - 20\%$
Messdauer pro Wellenlänge	ca. 100 s	ca. 100 s	ca. 1 s	ca. 10 s
Einsatzbeispiele	absolute Bestimmung von α in optischen Materialien [16, 29, 44]	Test optischer Materialien [17] und (begrenzt) von Beschichtungen [92, 141]	Test optischer Materialien [142, 143] und Beschichtungen [144], 3D-Mapping [26]	Test optischer Materialien, Bestimmung von Absorptionsspektren im Wellenlängenbereich 212 – 2500 nm

Tabelle 6.2: *Tabellarischer Vergleich gängiger Verfahren zur Bestimmung kleiner Absorptionskoeffizienten.*

6.2 Untersuchte Materialien

In diesem Abschnitt werden die photoakustisch gemessenen Absorptionsspektren der untersuchten Proben diskutiert. Der Abschnitt gliedert sich in vier Unterabschnitte über Lithiumniobat-, Lithiumtriborat-, α-Bariumborat- und Kalziumfluoridkristalle. In diesen werden jeweils die gemessenen Absorptionsspektren und nichtlinearen Absorptionseigenschaften diskutiert.

6.2.1 Lithiumniobat

Absorptionsspektrum

Im Absorptionsspektrum des undotierten kongruent schmelzenden $LiNbO_3$-Kristalls, Abb. 5.1 und 6.6, sind mehrere ausgeprägte Absorptionsmerkmale zu erkennen. Die Absorptionsbanden um 500 nm und im Wellenlängenbereich 900 – 1600 nm sind auf Eisen in der Form Fe^{2+} zurückzuführen [53, 140]. Eine Verunreinigung mit Übergangsmetallen, insbesondere Eisen, ist in $LiNbO_3$-Kristallen schwer zu vermeiden [25]. Durch eine Dotierung der Kristalle mit Eisen im Valenzzustand Fe^{2+} entstehen die beobachteten Absorptionsbanden bei 500 nm aufgrund einer Ladungsträgeranregung ($Fe^{2+} \rightarrow Nb^{4+}$) und bei 900 – 1600 nm durch einen internen Übergang im Fe^{2+}, $^5T_2 \rightarrow {}^5E$, der ausschließlich zur Absorption o-polarisierten Lichts führt [53, 139, 145, 146]. Mit Hilfe des Wirkungsquerschnitts $\sigma^{532}_{Fe^{2+}} = 4 \times 10^{-18}\,\mathrm{cm}^2$ von Fe^{2+} bei 532 nm und $\sigma^{1064}_{Fe^{2+}} = 0{,}26 \times 10^{-18}\,\mathrm{cm}^2$ bei 1064 nm [53, 140], lässt sich die Fe^{2+}-Konzentration zu $2{,}3(\pm 0{,}3) \times 10^{16}\,\mathrm{cm}^{-3}$ bestimmen. Diese ist relativ groß, üblicherweise besitzen kommerzielle $LiNbO_3$-Kristalle Fe^{2+}-Konzentrationen kleiner $10^{16}\,\mathrm{cm}^{-3}$ [121].

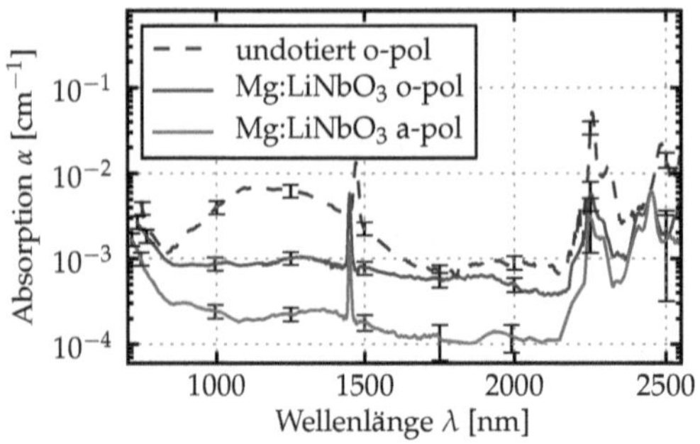

Abbildung 6.6: *Vergleich der Absorptionsspektren des magnesiumdotierten $LiNbO_3$-Kristalls (Mg:LN) mit dem Absorptionsspektrum des undotierten Kristalls (LN1) für o-polarisiertes Licht.*

Die Absorptionsbanden bei 1475, 2255, 2310 und 2487 nm kommen durch eine Wasserstoffverunreinigungen des $LiNbO_3$-Kristalls in der Form OH^- zu Stande, siehe Kap. 2.1.3 und [23, 62, 147, 148]. Chrom, welches ebenfalls eine typische Verunreinigung von $LiNbO_3$-Kristallen darstellt [25], ist mit dem photoakustischen Spektrometer schwer nachzuweisen, da die entscheidende Absorptionsbande, anhand derer Chrom nachgewiesen wird, im Wellenlängenbereich nahe dem Degenerationspunkt liegt. In diesem Spektralbereich ist eine Trennung von Signal- und Idlerlicht herausfordernd, so dass Absorptionsbanden nahe dem Degenerationspunkt bei 710 nm nur eingeschränkt interpretiert werden können.

Ein Vergleich der Absorptionsspektren in Abb. 6.6 zeigt, dass der magnesiumdotierte $LiNbO_3$-Kristall im untersuchten Spektralbereich transparenter als der undotierte $LiNbO_3$-Kristall ist. Vor allem die Eisenbande zwischen 900 – 1600 nm ist beim magnesiumdotierten Kristall wesentlich schwächer ausgeprägt als beim untersuchten undotierten Kristall. Der Unterschied liegt in der Reinheit der untersuchten Kristalle: Eine Verunreinigung mit Eisen führt bei magnesiumdotierten $LiNbO_3$-Kristallen ebenso zu Absorptionsbanden wie bei undotierten Kristallen [25]. Ob die höhere Reinheit der magnesiumdotierten Kristalle auf eine bessere Herstellungstechnologie oder Zufall zurückzuführen ist, kann anhand der aktuellen Datenlage nicht geklärt werden. Gut denkbar ist, dass der Einbau mehrerer Prozent Magnesium dazu führt, dass andere Fremdionen nicht aufgenommen werden und Defekte sich nicht ausbilden können.

Der dargestellte Spektralbereich ist jener, in dem $LiNbO_3$-Kristalle die höchste Transparenz erreichen. Die kleinsten gemessenen Absorptionskoeffizienten liegen für beide Kristalle und Polarisationen im Wellenlängenbereich 1700 – 2100 nm: $\alpha_{\mathrm{min}}(\mathrm{LiNbO_3}, \text{o-pol}) = 7(\pm 2) \times 10^{-4}\ \mathrm{cm^{-1}}$, $\alpha_{\mathrm{min}}(\mathrm{LiNbO_3}, \text{e-pol}) = 2{,}2(\pm 0{,}9) \times 10^{-4}\ \mathrm{cm^{-1}}$, $\alpha_{\mathrm{min}}(\mathrm{Mg{:}LiNbO_3}, \text{o-pol}) = 4(\pm 1) \times 10^{-4}\ \mathrm{cm^{-1}}$ und $\alpha_{\mathrm{min}}(\mathrm{Mg{:}LiNbO_3}, \text{e-pol}) = 1{,}2(\pm 0{,}6) \times 10^{-4}\ \mathrm{cm^{-1}}$. Ein Vergleich mit Literaturwerten ist an dieser Stelle nicht möglich, da Absorptionsspektren von $LiNbO_3$-Kristallen mit der nötigen Empfindlichkeit bisher nicht publiziert wurden.

Das photoakustisch gemessene Absorptionsspektrum der undotierten $LiNbO_3$-Probe zeigt erstmalig explizit, dass die IR-Absorptionsbande von Fe^{2+} die Absorption im Wellenlängenbereich 900 – 1600 nm für o-polarisiertes Licht dominiert. Die Transparenz von $LiNbO_3$-Kristallen in diesem Spektralbereich ist relevant für viele Anwendungen der nichtlinearen Optik. Eine Verringerung der Eisenkonzentration bei der Kristallherstellung oder thermische Nachbehandlungen, die zu einer Oxidation der Fe^{2+}-Zentren in den optisch weniger aktiven Fe^{3+}-Zustand führen, kann folglich die Leistungsfähigkeit der $LiNbO_3$-Kristalle erhöhen.

Die Absorptionsbanden, die durch die Anregung von Schwingungszuständen der OH^--Verunreinigungen zu Stande kommen, sind beim magnesiumdotierten Kristall um ca. 30 nm hin zu kürzeren Wellenlängen verschoben. Die OH^--Absorptionsbande bei 1449 nm ist beim magnesiumdotierten Kristall auch für a-polarisiertes Licht sichtbar. Beide Auswirkungen der Magnesiumdotierung auf die OH^--Absorptionsbanden in $LiNbO_3$-Kristallen sind aus Arbeiten mit Kristallen, die hohe OH^--Konzentrationen aufweisen, bekannt [63]. Die Wasserstoff-Konzentration kann mit Hilfe des Wirkungsquerschnitts der fundamentalen OH^--

Absorptionsbande, $\sigma_{OH^-} = 6 \times 10^{-20}$ cm^2 [149], abgeschätzt werden. Sie beträgt 1,8($\pm$0,2) $\times$ 10^{19} cm^{-3} für den undotierten Kristall (LN1) und 1,7($\pm$0,2) $\times$ 10^{19} cm^{-3} für den magnesiumdotierten Kristall (Mg:LN).

Induzierte Absorption

Die langlebige Erhöhung der Absorption in magnesiumdotierten $LiNbO_3$-Kristallen, siehe Abb. 5.11, wird durch eine Anregung bei 420 nm mit Intensitäten oberhalb der Übergangsintensität I_{ZPA} induziert. Dies deutet darauf hin, dass Valenzbandelektronen durch Zweiphotonenabsorption (ZPA) in metastabile Energieniveaus X^{i+} innerhalb der Bandlücke angeregt werden. Das Einfangen der angeregten Elektronen ändert dann den Valenzzustand zu $X^{(i-1)+}$, siehe Abb. 6.7(a). Die Änderung des Valenzzustandes in $X^{(i-1)+}$ führt zu einer Erhöhung der Absorption im betrachteten Wellenlängenbereich, 750 – 1600 nm, und ist besonders ausgeprägt zwischen 750 und 950 nm, siehe Abb. 6.7(b). Die im Valenzband zurückbleibenden Löcher werden im Rahmen dieses Modells kurzfristig als Lochpolaronen an Sauerstoffionen neben Lithiumfehlstellen gebunden und mit Elektronen aus Defektniveaus in der Bandlücke, beispielsweise Fe^{2+}, gefüllt [150]. Eine Anregung mit Licht der Wellenlänge 710 nm führt dann zu einem Zerfall der induzierten Absorption. Dies ist durch die Anregung des Elektrons vom Zustand $X^{(i-1)+}$ ins Leitungsband und eine anschließende Rekombination in tiefere Energieniveaus zu erklären. Die Defektart X konnte bisher nicht identifiziert werden.

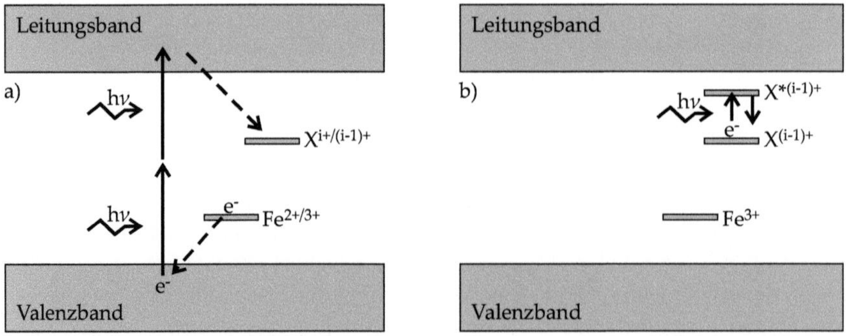

Abbildung 6.7: *Induzierte Absorption: (a) Anregung eines Valenzbandelektrons durch Zweiphotonenabsorption ins Leitungsband. Das angeregte Elektron wird an einen Defekt X gebunden und ändert dessen Valenzzustand zu $X^{(i-1)+}$. (b) Die Anregung des Zustandes $X^{(i-1)+}$ mit Licht führt zur Absorption.*

Ausbleichen

Durch intensive Beleuchtung eines undotierten $LiNbO_3$-Kristalls mit dem Licht einer Kaltlichtlampe verringert sich der Absorptionskoeffizient transient in den Wellenlängenbereichen 400 – 650 nm und 900 – 1700 nm, siehe Abb. 5.14. Dieses Verhalten kann durch die Anregung von Elektronen aus Fe^{2+} in höherliegende Energieniveaus erklärt werden: Fe^{2+} besitzt Absorptionsbanden in den beeinflussten Wellenlängenbereichen, während Fe^{3+} eine deutlich geringere Absorption zeigt [53, 145, 146, 151]. So erklärt eine Ladungsträgeranregung der Elektronen aus Fe^{2+}-Zentren ($Fe^{2+} \rightarrow Nb^{4+}$) das Ausbleichen: Die beobachtete Absorptionsänderung entspricht einer Verringerung der Fe^{2+}-Konzentration von $2{,}8(\pm 0{,}3) \times 10^{16}$ cm^{-3} auf $1{,}3(\pm 0{,}4) \times 10^{16}$ cm^{-3}.

Offen bleibt die Frage, auf welchen Energieniveaus sich die angeregten Elektronen aufhalten. Derzeitige Modelle gehen von der Bildung freier und gebundener Polaronen aus [119, 139, 140, 152]. Die Bildung der Polaronzustände führt zu einer erhöhten Absorption im sichtbaren und speziell im infraroten Wellenlängenbereich [119, 152]. Eine deutliche Zunahme des Absorptionskoeffizienten konnte in keinem Wellenlängenbereich gemessen werden, dies kann zwei Gründe haben: Entweder führt die Lichtabsorption durch Polaronen nicht zu einer hinreichend schnellen Erwärmung des Kristalls, so dass der photoakustische Wirkungsgrad $\eta_W \ll 1$ ist und folglich Polaronabsorptionsbanden für die Photoakustik „unsichtbar" sind, oder die Elektronen aus den gebildeten Polaronzuständen werden ihrerseits durch Absorption von Licht der Kaltlichtlampe in höhere Energieniveaus angeregt, die nicht oder nur wenig zur Absorption im untersuchten Spektralbereich beitragen.

6.2.2 Lithiumtriborat

Absorptionsspektrum

Das Absorptionsspektrum von Lithiumtriboratkristallen (LBO), siehe Abb. 6.8, konnte mit dem photoakustischen Spektrometer erstmalig gemessen werden. Es besteht im Wesentlichen aus einem Abfall des Absorptionskkoeffizienten von 250 zu 500 nm, einem sehr transparenten Bereich zwischen 500 und 1200 nm und der IR-Bandkante für längere Wellenlängen. Da keine scharfen Absorptionsbanden im Spektrum des LBO-Kristalls zu sehen sind, die auf Verunreinigungen hinweisen, wird der theoretisch erwartete Verlauf der Grenze minimaler Absorption, siehe Kap. 2.1.2, an die Messdaten angepasst, siehe Abb. 6.8. Die Anpassung ergibt: $\alpha_{UV} = 3{,}3(\pm 0{,}8) \times 10^{-8}$ cm^{-1}, $\lambda_{UV} = 1440(\pm 34)$ nm, $\alpha_{IR} = 6(\pm 1) \times 10^{4}$ cm^{-1} und $\lambda_{IR} = 28100(\pm 320)$ nm. Der Absorptionsanstieg hin zu kurzen Wellenlängen zeigt den qualitativen Verlauf der Bandkante. Hier ist zu beachten, dass die Anpassung – extrapoliert zu kurzen Wellenlängen – bereits bei 170 nm einen Absorptionskoeffizienten von 10 cm^{-1} vorhersagt. Da die Bandkante von LBO bei 155 nm liegt, deutet dies auf einen erhöhten Absorptionsanstieg im Wellenlängenbereich unterhalb 500 nm hin. Die Ursache hierfür sind wahrscheinlich Defekte oder Verunreinigungen. Ein Vergleich mehrerer LBO-Kristalle zeigt, dass eine solche Absorptionserhöhung für kurze Wellenlängen bei den Proben LBO2–4 deutlich ausgeprägter ist, siehe Abb. 5.6.

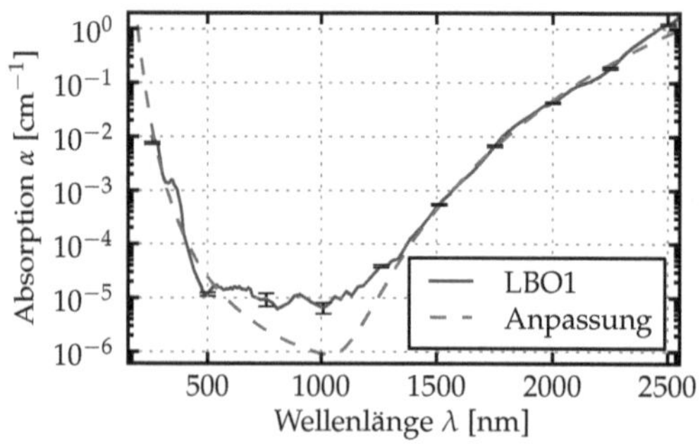

Abbildung 6.8: *Absorptionsspektrum der Probe LBO1 für y-polarisiertes Licht aus Abb. 5.5 mit der in Kap. 2.1.2 beschriebenen Anpassung an die Band- und Mehrphononenabsorptionskante. Wellenlängenbereich: 150 – 2550 nm.*

Im Wellenlängenbereich 1200 – 2500 nm steigt der Absorptionskoeffizient um fünf Größenordnungen an. Der qualitative Verlauf des Anstiegs folgt der Näherung der Mehrphononenabsorptionskante (2.1.2); er ist bei allen untersuchten Proben gleich. Aus diesem Grund wird davon ausgegangen, dass es sich hierbei um die fundamentale Transparenzgrenze von LBO aufgrund der Mehrphononenabsorptionskante handelt.

Zwischen 500 und 1200 nm werden photoakustische Signale gemessen, die einem Absorptionskoeffizienten im Bereich 10^{-5} cm^{-1} entsprechen. Die in Abb. 6.8 dargestellte Anpassung weicht in diesem Spektralbereich hin zu kleineren Werten ab. Für die gezeigte Messung wurden 100 Mittelungen pro Messpunkt bei maximaler Pulsenergie verwendet, so dass die Nachweisgrenze der Ausleseelektronik eine Bestimmung von Absorptionskoeffizienten im Bereich $\alpha_{\text{min}}^{\text{rauschen}} \approx 3 \times 10^{-6}$ cm^{-1} erlaubt, siehe Kap. 6.1.4. Es bleiben drei mögliche Ursachen, welche die Abweichung zwischen theoretischem Verlauf und Messung erklären:

- Defekte oder Verunreinigungen führen zu einer erhöhten Absorption im UV-Bereich, die bei der Anpassung nicht von der tatsächlichen Bandkante getrennt und folglich dieser zugeschrieben werden. Eine fehlerhafte Anpassung im Spektralbereich unterhalb 500 nm könnte Einfluss auf die Anpassung im Wellenlängenbereich oberhalb 500 nm haben.

- Das photoakustische Signal könnte durch konkurrierende Effekte dominiert werden. Hierfür wurden bisher keine Hinweise gefunden, siehe Kap. 6.1.5, jedoch kann eine solche Begrenzung nicht vollständig ausgeschlossen werden.

- Ein weiterer – in der Anpassung nicht berücksichtigter – Absorptionsmechanismus führt zu dem gemessenen Absorptionsuntergrund.

Es ist sehr wahrscheinlich, dass der erstgenannte Punkt einen Teil der Abweichung erklärt. Ob zusätzlich konkurrierende Effekte bei der photoakustischen Messung oder eine erhöhte Absorption des LBO-Kristalls im Spektralbereich 500 – 1200 nm zur Abweichung beitragen, kann anhand der aktuellen Datengrundlage nicht geklärt werden.

Ein Vergleich der gewonnenen Werte für α_{UV}, λ_{UV}, α_{IR} und λ_{IR} mit Literaturwerten ist nicht möglich, da solche für LBO-Kristalle bisher nicht publiziert wurden.

In keiner LBO-Probe wurden die typischen Absorptionsbanden aufgrund einer Wasserstoffverunreinigung in der Form OH^- entdeckt. Es ist sehr wahrscheinlich, dass vorhandene OH^--Absorptionsbanden photoakustisch zu detektieren sind, da die Anregung einer OH^--Schwingung zu einer quasi instantanen Erwärmung der Probe und damit zur Erzeugung photoakustischer Druckwellen mit $\eta_w \approx 1$ führen sollte. Die fehlende OH^--Obertonabsorptionsbande bestätigt die Vermutung von Zhao et al. [153], dass in LBO-Kristallen OH^--Gruppen nur eine zu vernachlässigende Verunreinigung darstellen. Die Schlussfolgerung wurde daraus gezogen, dass die fundamentale OH^--Absorptionsbande bei 2800 nm nicht beobachtet wurde. Der Absorptionsuntergrund bei 2800 nm ist für LBO-Kristalle ca. 3 cm^{-1}, aufgrund der Mehrphononenabsorptionskante. Folglich müsste die fundamentale OH^--Absorptionsbande einen Wert von 0,1 cm^{-1} übersteigen, damit sie in diesem Spektralbereich detektiert werden könnte. Dies entspricht für typische OH^--Wirkungsquerschnitte in Oxiden, $\sigma_{OH^-} = 6 \times 10^{-20}$ cm^2 [149], einer Nachweisgrenze der Wasserstoff-Konzentration von 2×10^{18} cm^{-3}. Mit dem photoakustischen Spektrometer ist es möglich, die Nachweisgrenze weiter zu verbessern: Der Wirkungsquerschnitt der OH^--Gruppen ist für die Obertonabsorptionsbande bei 1400 nm zwar typischerweise einen Faktor 200 kleiner [63], jedoch ist an dieser Stelle die Untergrundabsorption aufgrund der Mehrphononenabsorptionskante mit $\alpha_{LBO}(1400)\ \text{nm} = 10^{-4}\ \text{cm}^{-1}$ einen Faktor 30000 geringer. Folglich kann aus der photoakustischen Messung geschlossen werden, dass die Wasserstoff-Konzentration in den untersuchten LBO-Proben kleiner 1×10^{17} cm^{-3} ist.

Vergleich der Kristalle verschiedener Hersteller

Der Vergleich von LBO-Proben verschiedener Hersteller zeigt deutliche Unterschiede im Wellenlängenbereich 410 – 550 nm, siehe Abb. 5.6. Hier ist zu beachten, dass die Proben mit den größten Absorptionskoeffizienten antireflexbeschichtet sind. Es wurde gezeigt, dass eine Beschichtung von LBO-Kristallen zu einer Erhöhung der Volumenabsorption führen kann [92]. Die Antireflexbeschichtungen verhindern zudem eine Untersuchung der Kristalle LBO3 und LBO4 bis in den UV-Bereich, da es hierbei zu einer Schädigung der Beschichtung durch UV-Beleuchtung kommt.

Der Vergleich der LBO-Kristalle demonstriert, dass das photoakustische Spektrometer generell für Probenvergleiche hervorragend geeignet ist.

Induzierte Absorption

Nach einer Beleuchtung der Probe LBO1 mit Licht einer Wellenlänge kürzer als 320 nm und mit Intensitäten oberhalb der Übergangsintensität I_{ZPA} kommt es zu einer Erhöhung des Absorptionskoeffizienten im UV-Bereich, siehe Abb. 5.12. Eine erneute Messung des Absorptionsspektrums nach 14 Tagen stimmt im Rahmen der Messgenauigkeit mit der Messung direkt nach der Anregung überein. Die induzierte Absorption ist folglich über Tage stabil. Der spektrale Fingerabdruck der induzierten Absorption deutet auf die Bildung von Lochpolaronen auf Sauerstoffionen hin [154–156]. Diese erfolgt, wie in Abb. 6.9(a) dargestellt, über die Anregung eines Valenzbandelektrons anhand Zweiphotonenabsorption ins Leitungsband. Die zurückbleibenden Löcher im Valenzband werden von Sauerstoffionen gefangen; freien Elektronen in LBO-Kristallen setzen sich auf Sauerstofffehlstellen [18]. Eine solche Bildung von Lochpolaronen wurde bereits beobachtet, jedoch zerfällt der größte Anteil der induzierten Absorption bei Raumtemperatur innerhalb weniger Mikrosekunden [18]. Wenn der vorgeschlagene Mechanismus zur Bildung der Absorptionserhöhung stimmt, so ist bisher nicht klar, aus welchem Grund ein kleiner Teil der induzierten Absorption stabil ist. Ein möglicher Grund ist die Umgebung der Sauerstoffionen, an denen sich Lochpolaronen bilden. Kommt es aufgrund der umgebenen Ionen oder Defekte zu einer erhöhten thermischen Anregungsenergie des Lochpolarons ins Valenzband, so steigt die Stabilität. Es wurde gezeigt, dass Lochpolaronen auf Sauerstoffionen in der Nachbarschaft von Lithiumfehlstellen deutlich stabiler sind als Sauerstoffionen in regulärer Kristallumgebung [18, 156].

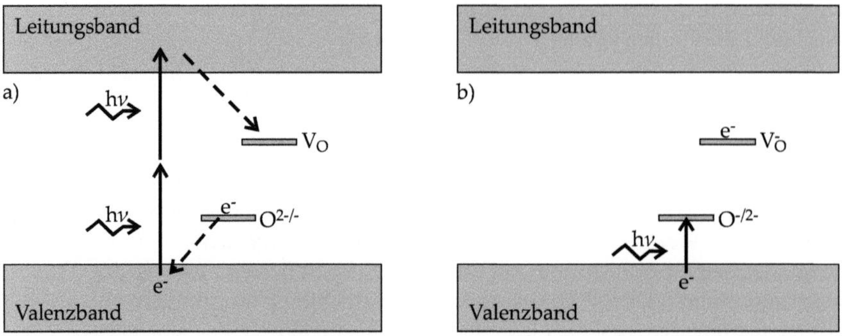

Abbildung 6.9: *Induzierte Absorption: (a) Anregung eines Valenzbandelektrons durch Zweiphotonenabsorption ins Leitungsband. Das angeregte Elektron wird an eine Sauerstofffehlstelle gebunden, das zurückbleibende Loch im Valenzband bildet ein Lochpolaron an einem Sauerstoffion. (b) Ein Valenzbandelektron kann anhand Lichtabsorption in das entstehende O^--Lochpolaron angeregt werden.*

6.2.3 Alpha-Bariumborat

Mit dem photoakustischen Spektrometer gelang erstmalig die Bestimmung des Absorptionsspektrums eines α-BBO-Kristalls über weite Teile des Transparenzfensters. Das Absorptionsspektrum der untersuchten α-BBO-Probe, siehe Abb. 6.10, zeigt eine starke Zunahme des Absorptionskoeffizienten für kurze Wellenlängen unterhalb 1100 nm, einen sehr transparenten Wellenlängenbereich zwischen 1100 und 1350 nm und einen Anstieg des Absorptionskoeffizienten für Wellenlängen oberhalb 1350 nm. Der Absorptionskoeffizient für Wellenlängen unterhalb 400 nm konnte nicht bestimmt werden, da die untersuchte α-BBO-Probe eine Schutzbeschichtung gegen das Eindringen von Wasser in den hygroskopischen Kristall besitzt, die durch Beleuchtung mit UV-Anregungslicht beschädigt wird. Abbildung 6.10 zeigt eine Anpassung des theoretisch erwartete Verlaufs der Grenze minimaler Absorption an die gewonnenen Messdaten für BBO, siehe Kap. 2.1.2. Die Anpassung ergibt: $\alpha_{UV} = 7{,}5(\pm 1{,}4) \times 10^{-6}$ cm^{-1}, $\lambda_{UV} = 1540(\pm 44)$ nm, $\alpha_{IR} = 18(\pm 4) \times 10^{3}$ cm^{-1} und $\lambda_{IR} = 26600(\pm 400)$ nm. Der Absorptionsanstieg in infraroten Spektralbereich wird durch den Verlauf der Mehrphononenabsorptionskante beschrieben. Eine Verunreinigung mit Wasser anhand der typischen OH^--Absorptionsbande bei 1400 nm konnte – wie in den untersuchten LBO-Kristallen – nicht nachgewiesen werden. Eine Abschätzung, wie in Kap. 6.2.2 dargestellt, ergibt, dass die untersuchte α-BBO-Probe eine Wasserstoff-Konzentration kleiner 3×10^{17} cm^{-3} besitzt. Der Anstieg der Absorption von 1100 nm hin zu kürzeren Wellenlängen besitzt die spektrale Form der Bandkante, siehe Abb. 6.10. Die Extrapolation des Verlaufs führt zu Werten des Absorptionskoeffizienten größer 10 cm^{-1} für Wellenlängen unterhalb 250 nm. Da die Bandkante von BBO-Kristallen bei 190 nm liegt [127], ist es sehr wahrscheinlich, dass im Spektralbereich unterhalb 1100 nm eine – im Vergleich zur fundamentalen Transparenzgrenze – erhöhte Absorption durch Verunreinigungen oder Kristalldefekte vorliegt.

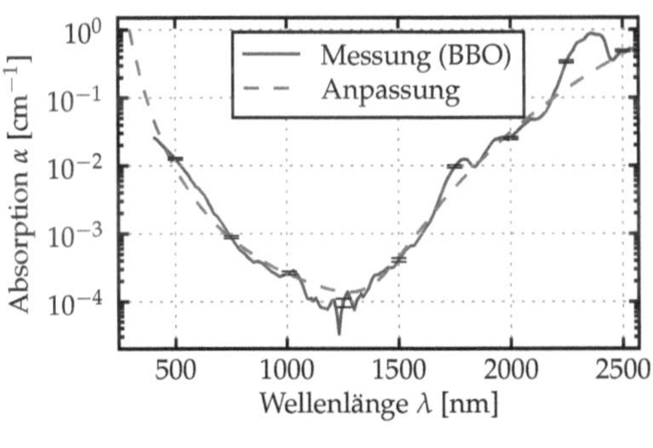

Abbildung 6.10: *Absorptionsspektrum der BBO-Probe für o-polarisiertes Licht aus Abb. 5.7 mit der in Kap. 2.1.2 beschriebenen Anpassung, welche die Band- und Mehrphononenabsorptionskante beschreibt. Der dargestellte Spektralbereich ist 250 – 2570 nm.*

6.2.4 Kalziumfluorid

Absorptionsspektrum

Das Absorptionsspektrum der untersuchten Kalziumfluoridprobe in Abb. 5.9 zeigt einen Anstieg des Absorptionskoeffizienten hin zu kurzen Wellenlängen, eine ausgeprägte Absorptionsbande bei 306 nm, sowie mehrere schwache Absorptionsbanden um die Zentralwellenlängen 420, 580, 710 nm sowie in den Wellenlängenbereichen 850 – 1100 und 1300 – 1600 nm. Ein Vergleich mit vorhandener Literatur zu seltenen Erden in CaF_2-Kristallen [58, 134, 135] deutet darauf hin, dass die Absorptionsbande bei 306 nm auf eine Verunreinigung mit Cer in der Form Ce^{3+} zurückzuführen ist; eine optische Anregung des internen Übergangs 4f→5d führt zur Absorption von Licht dieser Wellenlänge. Weiterhin weisen die Absorptionsbanden bei 580 und 710 nm und im Wellenlängenbereich 850 – 1100 nm auf eine Dysprosiumverunreinigung im Valenzzustand Dy^{2+} hin [157]. Ionen der seltenen Erden, wie Cer, Dysprosium und Erbium, sind typische Verunreinigungen fluoridischer Kristalle, siehe Kap. 2.1.3. Die Absorptionsbanden bei 420 nm und im Wellenlängenbereich 1300 – 1600 nm konnten bisher nicht identifiziert werden.

Bei der photoakustischen Messung der Absorptionsbanden seltener Erden ist zu beachten, dass Lichtabsorption Lumineszenz zur Folge haben kann; beispielsweise kommt es aufgrund der Lichtabsorption bei 306 nm durch Ce^{3+} zu Lumineszenz. Ein Pumpen in die Dy^{2+}-Absorptionsbanden 580, 710, und 850 – 1100 nm führt ebenfalls zu Lumineszenz, die dominante Emissionswellenlänge ist jeweils 2360 nm [157]. Dies hat eine Verringerung des photoakustischen Wirkungsgrades $\eta_w < 1$ und damit eine Unterschätzung der Bandintensität der Absorptionsbanden zur Folge. Obwohl die Quanteneffizienz der Dy^{2+}-Lumineszenz bei Raumtemperatur nicht bekannt ist, kann aufgrund des Wellenlängenverhältnis zwischen Anregungsbanden und Lumineszenzlinie ein obere Schranke für den Quantendefekt gewonnen werden: 75% bei der Anregung mit Licht der Wellenlänge 580 nm, 70% bei 710 nm und 61% bei 910 nm. Die tatsächliche Absorptionsintensität der Dy^{2+}-Banden kann folglich durch die photoakustischen Messung, siehe Abb. 5.9, um bis zu 40% unterschätzt sein.

Kalziumfluorid ist typischerweise ein sehr transparentes optisches Material mit $\alpha(1064\ \text{nm}) = 10^{-5}\ \text{cm}^{-1}$ [41, 46, 133], die untersuchte Probe zeigt jedoch eine verhältnismäßig große Untergrundabsorption; im untersuchten Spektralbereich liegt der geringste Absorptionskoeffizient im Bereich $10^{-3}\ \text{cm}^{-1}$. Außerdem wird Fluoreszenz unter einer UV-Anregung beobachtet. Die verhältnismäßig hohe Absorption und Lumineszenz wird unter anderem durch die Verunreinigung des Kristalls mit seltenen Erden erklärt. Die untersuchte CaF_2-Probe ist als Fensterglas einer Gaszelle für Licht des mittleren infraroten Spektralbereichs ausgelegt. Eine Verunreinigung mit Atomen der seltenen Erden hat eine geringe Auswirkung auf die Absorption in diesem Spektralbereich [21].

Das photoakustische Spektrometer ist nur bedingt für die Untersuchung von CaF_2-Kristallen geeignet, die für UV-Anwendungen optimiert sind (UV-CaF_2). Der Grund ist, dass es im Absorptionsspektrum der UV-CaF_2-Kristalle keine Absorptionsbande gibt, die zur Aufnahme eines geeigneten Referenzsignals R verwendet werden kann, siehe Kap. 3.2.3. Für Wellenlängen unterhalb 220 nm und bei großen Anregungsintensitäten kommt es zwar bei der Untersuchung der UV-CaF_2-Kristalle zu ausgeprägten photoakustischen Signalen, jedoch beinhalten diese aufgrund der starken Streuung bei kurzen Wellenlängen einen ausgeprägten Anteil, der durch Streulicht zu Stande kommt, welches den Piezosensor trifft und dort ein photoakustisches Signal erzeugt. Folglich ist eine Aufnahme eines Referenzsignals, welches das reine photoakustische Signal abbildet, schwierig. Eine Trennung des Streulichtanteils vom Absorptionsanteil bei der Auswertung des photoakustischen Signals nach (3.4) stellt bei sehr transparenten CaF_2-Kristallen somit besondere Anforderungen.

Induzierte Absorption

Nach einer Anregung der CaF_2-Probe mit UV-Licht über der Übergangsintensität I_{ZPA} kommt es zu einer Erhöhung der Absorptionskoeffizienten im gesamten untersuchten Spektralbereich, Abb. 5.2.2. Zudem steigen die Bandintensitäten einiger Absorptionsbanden. Die Erhöhung der Absorptionsintensität bei 580, 710 und 850 – 1100 nm wird durch die Änderung des Valenzzustandes der Dysprosiumionen erklärt: Während Dy^{3+} im CaF_2-Kristall nur schwache Absorptionsbanden zeigt, besitzt Dy^{2+} ausgeprägte Banden bei den genannten Wellenlängen [21, 157], siehe Abb. 6.11. Die Zunahme der Absorptionskoeffizienten im Wellenlängenbereich 1300 – 1600 nm könnte ebenfalls durch eine Änderung des Valenzzustandes einer Verunreinigung verursacht werden. Die hierfür verantwortliche Verunreinigung wurde bisher nicht identifiziert. Ein Ausbleichen der Ce^{3+}-Absorptionsbande bei 306 nm

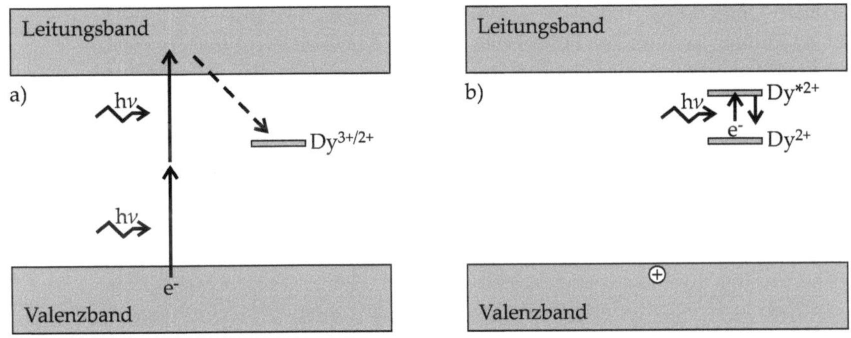

Abbildung 6.11: *Induzierte Absorption: (a) Anregung eines Valenzbandelektrons durch Zweiphotonenabsorption ins Leitungsband. Das angeregte Elektron wird an einem Dy-Ion gebunden und ändert dessen Valenzzustand zu Dy^{2+}. (b) Dysprosium in der Form Dy^{2+} besitzt interne Übergänge, die zu Absorptionsbanden bei 580, 710 und 850 – 1100 nm führen.*

in Folge intensiver Beleuchtung ist in der Literatur beschrieben, dieses wird durch einen Ladungstransfer zwischen Cer-Ionen auf unterschiedlichen Gitterplätzen erklärt [134, 135, 158]. Diese Umverteilung führt unter anderem auch zum Anstieg der Untergrundabsorption. Weitere Gründe für den Anstieg der Untergrundabsorption können die Flanken der ausgeprägten Absorptionsbanden sein und – nach der Anregung der Elektronen in höhere Energiezustände – eventuell zurückbleibende Löcher im Valenzband.

6.3 Ausblick

Diese Arbeit beschreibt einen neu entwickelten Messplatz zur Bestimmung kleiner Absorptionskoeffizienten in optischen Materialien. Einige hiermit gewonnene Ergebnisse sind in dieser Arbeit dargestellt. Das vorgestellt photoakustische Spektrometer ermöglicht jedoch eine Vielzahl weiterer Anwendungen, von denen einige in diesem Abschnitt aufgeführt sind. Er gliedert sich in zwei Teile: Zunächst werden die nächsten Schritte beschrieben, die zum Erlangen weiterer Erkenntnisse über die Methode führen sollen. Der zweite Teil beschreibt die Anwendung des photoakustischen Spektrometers zur Erforschung und Verbesserung der Eigenschaften optischer Materialien.

6.3.1 Methode

Eine Überprüfung der Ergebnisse, die mit empfindlichen Absorptionsmessplätzen an hochtransparenten Proben gewonnen werden, ist in der Regel schwierig, da eine direkte Bestimmung des Absorptionskoeffizienten in solchen Proben nicht möglich ist. Zur Kontrolle der photoakustischen Absorptionsmessungen, sollen diese mit Messungen verglichen werden, die mit einem unabhängigen Verfahren an denselben Proben gewonnen werden: Am Fraunhofer IPM wird derzeit ein „Photothermal-Common-Path Interferometer" entwickelt, welches – ebenso wie das photoakustische Spektrometer – mit Hilfe durchstimmbarer Anregungsstrahlung die Aufnahme von Absorptionsspektren erlaubt. Dieses Spektrometer bestimmt den Absorptionskoeffizienten anhand der Ausbildung einer thermischen Linse unter intensiver Beleuchtung, siehe Kap. 2.3.3. Die Messgröße ist folglich eine Intensitätsänderung, die im Zentrum eines Testlaserstrahls gemessen wird, und damit gänzlich komplementär zur Messgröße der photoakustischen Detektion. Beide Methoden erlauben eine Bestimmung des Absorptionskoeffizienten aus der jeweiligen Messgröße. Zur gegenseitigen Kontrolle der empfindlichen Spektrometer sollen Messungen an BK-7- und $LiNbO_3$-Proben durchgeführt werden. Mit den gewonnenen Ergebnissen soll zum einen die Kalibrierung der Spektrometer überprüft werden, zum anderen kann anhand eines Vergleichs der Struktur der gemessenen Absorptionsspektren die Empfindlichkeit der Methoden für einzelne Absorptionsbanden kontrolliert werden. Hierfür eignet sich hervorragend die OH^--Absorptionsbande bei 1450 nm im Absorptionsspektrum der $LiNbO_3$-Kristalle, die bereits in dieser Arbeit herangezogen wurde, um den Einfluss unterschiedlicher Anregungsstrahlgeometrien zu überprüfen, siehe Abb. 4.14. Weiterhin wird ein Vergleich des photoakustischen Spektrometers im Rahmen eines Ringversuchs mit anderen Messplätzen zur Bestimmung kleiner Absorptionskoeffizienten angestrebt.

6.3.2 Materialien

Mit dem photoakustischen Spektrometer ist es möglich, die Transparenz optischer Materialien über viele Größenordnungen an Absorption und über einen weiten Spektralbereich zu vermessen. In besonders reinen Proben erlaubt dies eine Abschätzung der Materialkoeffizienten, mit Hilfe derer der Verlauf der Bandkante und der Mehrphononenabsorptionskante berechnet werden kann. In dieser Arbeit ist dies für Lithiumtriborat- und α-Bariumboratkristalle gezeigt, siehe Kap. 6.2.2 und 6.2.3. Die Kenntnis der Koeffizienten der Bandkante und der Mehrphononenabsorptionskante erlaubt eine Abschätzung der maximal erreichbaren Transparenz für beliebige Wellenlängen im Transparenzfenster der Materialien. In den nächsten Monaten sollen weitere Materialien zur Bestimmung dieser Koeffizienten vermessen werden.

Die untersuchten Lithiumniobatkristalle zeigen Absorptionsbanden, die auf Verunreinigungen mit Wasserstoff und Eisen hinweisen. Die Transparenz von Lithiumniobatkristallen ist für viele Anwendungen ausgesprochen wichtig, siehe Kap. 5.1.1. Mit Nachbehandlungsverfahren ist es möglich, die Transparenz und Leistungsfähigkeit der Kristalle zu steigern [59, 60, 159] und damit besondere Anwendungen zu ermöglichen [23]. Das photoakustische Spektrometer stellt – im Gegensatz zu den meisten anderen Absorptionsmessplätzen – keine besonderen Anforderungen an die Probengröße. Darüber hinaus erlaubt es die Aufnahme von Absorptionsspektren über einen weiten Spektralbereich. Beide Eigenschaften sind sehr vorteilhaft für den Einsatz als Messinstrument zur Bewertung des Erfolgs der oben genannten Behandlungsverfahren: Es erlaubt eine effiziente Ermittlung optimaler Prozessparameter bei gleichzeitiger geringer Anforderung an die Probengröße. Auf diese Weise sollen zukünftig besonders transparente Lithiumniobatkristalle für kritische Anwendungen des Kristalls hergestellt werden.

Für die Optimierung optischer Materialien durch Nachbehandlungsverfahren ist, neben der Möglichkeit, die Behandlungsergebnisse exakt zu vermessen, eine umfangreiche Materialkenntnis elementar. Sie ist sehr hilfreich bei der Interpretation gemessener Absorptionsspektren, zur Identifikation von Defekten oder Verunreinigungen anhand ihrer spektralen Fingerabdrücke im Absorptionsspektrum, zum Verständnis der Prozesse, die zu nichtlinearen Absorptionsänderungen führen, und für die Bewertung der Erfolgschancen möglicher Nachbehandlungsverfahren. Aus diesem Grund soll die – für Lithiumniobatkristalle bereits vorhandene – Materialkompetenz auf andere optische Materialien erweitert werden. Im Rahmen dieser Arbeit ist dies zum Teil bereits für Lithiumtriboratkristalle geschehen. Lithiumtriborat ist ein wichtiger Kristall für viele Anwendungen der nichtlinearen Optik, siehe Kap. 5.1.2, jedoch zeigen Lithiumtriboratkristalle unerwünschte Effekte, welche durch Absorption hervorgerufen werden und zu einer verminderten Leistungsfähigkeit der Kristalle führen [156]. Zum besseren Verständnis der Prozesse, die eine erhöhte Absorption in Lithiumtriboratkristallen verursachen, und um Nachbehandlungsverfahren auch für diese Kristalle zu entwickeln, ist zunächst eine Vertiefung der Materialkenntnis entscheidend. Dieser Schritt soll in Zusammenarbeit mit Materialherstellern und Anwendern erfolgen. Das Ziel ist, gemeinsam Materialkenntnisse zu erwerben, um anschließend Methoden zu entwickeln, die zu einer Steigerung der Leistungsfähigkeit und der Einsatzmöglichkeiten von Lithiumtriboratkristallen führen.

Ein solches Vorgehen ist ebenso für weitere optische Materialien geplant. Relativ neue optische Materialien, die derzeitig in der Entwicklungsphase sind und zukünftig Einsatz finden sollen, sind beispielsweise Yttrium-Aluminium-Borat ($YAl_3(BO_3)_4$), zur Erzeugung der vierten Harmonischen infraroten Laserlichts [57, 160, 161], und zinkdotiertes Lithiumniobat ($LiNbO_3$), als Ersatz für eine Magnesiumdotierung der Kristalle [89, 162]. Für den Einsatz der Kristalle in Anwendungen der nichtlinearen Optik ist für beide Materialien eine hohe Transparenz von großer Bedeutung.

7 Kapitel Zusammenfassung

Die vorliegende Arbeit beschreibt den Aufbau und die Charakterisierung eines photoakustischen Spektrometers zur empfindlichen Absorptionsmessung an hochtransparenten optischen Materialien. Die Messung der Absorptionskoeffizienten erfolgt anhand gepulster photoakustischer Detektion: Fokussierte Nanosenkundenlaserpulse beleuchten die zu untersuchende Probe. Durch Lichtabsorption wird ein Teil der Pulsenergie in der Probe deponiert. Dies führt zu lokaler Erwärmung. Aufgrund thermischer Ausdehnung kommt es zu einem rapiden Druckaufbau und folglich zur Erzeugung von Schallwellen, deren Amplitude proportional zum Absorptionskoeffizienten ist. Ein direkt an die Probe gekoppelter Piezosensor detektiert die photoakustischen Druckwellen. Das Anregungslasersystem beinhaltet unter anderem einen optisch parametrischen Oszillator und eine Frequenzverdopplereinheit. Diese ermöglichen die Erzeugung kontinuierlich durchstimmbarer Lichtpulse vom fernen UV bis in den nahen infraroten Spektralbereich. Die Kombination aus photoakustischer Detektion und durchstimmbarem Pulslasersystem erlaubt erstmalig die Messung von Absorptionsspektren in optischen Materialien im Wellenlängenbereich 212 – 2500 nm mit einer Nachweisgrenze hinunter bis 10^{-5} cm^{-1} für 1 mm dicke Proben.

Zur Kalibrierung des photoakustischen Spektrometers werden drei Verfahren vorgestellt: Das Erste beruht auf der photoakustischen Messung bekannter Absorptionsbanden, für das zweite Verfahren werden dotierte Referenzproben verwendet und das Dritte nutzt die gleichzeitige optische und photoakustische Bestimmung des Zweiphotonenabsorptionskoeffizienten. Das erste Kalibrierungsverfahren erlaubt es, jede photoakustische Absorptionsmessung einzeln zu kalibrieren. Die Standardabweichung der hiermit gewonnenen Kalibrierungskoeffizienten beträgt 3%.

Eine besondere Signalfilterung unterdrückt die Erfassung von konkurrierenden Effekten, wie der Elektrostriktion, die zu zusätzlichen photoakustischen Schallwellen führen, welche die Nachweisgrenze photoakustischer Verfahren limitieren können: Ein Korrelationsfilter ermöglicht die Trennung des reinen photoakustischen Signals von Störsignalen. Auf diese Weise wurden mit dem entwickelten Spektrometer Absorptionskoeffizienten im weiten Dynamikbereich von 1 cm^{-1} bis hinunter zu 10^{-5} cm^{-1} gemessen. Die erreichte Empfindlichkeit ist materialabhängig: Entscheidend sind der thermische Ausdehnungskoeffizient und die Schallgeschwindigkeit des Probenmaterials. Für Lithiumtriboratkristalle liegt die theoretisch erreichbare Nachweisgrenze im Bereich weniger 10^{-6} cm^{-1}.

Mit dem entwickelten photoakustischen Spektrometer wurden Lithiumniobat-, Lithiumtriborat-, Alpha-Bariumborat- und Kalziumfluoridproben untersucht. Zum ersten Mal gelang die Vermessung der Absorptionsspektren von Lithiumtriborat- und Alpha-Bariumboratkristallen über weite Teile des Transparenzfensters der Materialien. Das photoakustische Spektrometer erlaubt es ebenfalls, die Absorptionsspektren undotierter und magnesiumdotierter Lithiumniobatkristalle im Wellenlängenbereich der maximalen Transparenz des Materials, 700 – 2200 nm, erstmalig zu bestimmen. Die gewonnenen Spektren zeigen charakteristische Absorptionsmerkmale wie die Bandkante, die Mehrphononenabsorptionskante und individuelle Absorptionsbanden. Die spektralen Fingerabdrücke der detektierten Absorptionsbanden erlauben es, die verantwortlichen Verunreinigungen zu identifizieren. In Lithiumniobatproben wurden so Verunreinigungen mit Eisen und Wasserstoff nachgewiesen. Die untersuchte Kalziumfluoridprobe enthält unter anderem Cer und Dysprosium.

Abgesehen von der empfindlichen Messung der linearen Absorptionseigenschaften bietet das photoakustische Spektrometer überdies die Möglichkeit der Untersuchung nichtlinearer Absorption. In magnesiumdotierten Lithiumniobat-, in Lithiumtriborat- und in Kalziumfluoridkristallen wurden stabile Erhöhungen der Absorptionskoeffizienten nach intensiver Beleuchtung mit blauem oder ultraviolettem Licht nachgewiesen. Diese Absorptionsänderungen wurden erstmalig spektral aufgelöst mit hinreichender Empfindlichkeit vermessen. Eine Zweiphotonenanregung von Valenzbandelektronen in zuvor unbesetzte Defektzustände erklärt die beobachteten Absorptionsänderungen. Ebenso wird das Ausbleichen eines undotierten Lithiumniobatkristalls aufgrund einer Beleuchtung mit Weißlicht beobachtet. Diese wird auf eine Anregung photoaktiver Elektronen aus Fe^{2+}-Störstellen zurückgeführt, die diese während der Beleuchtung in optisch inaktivere Fe^{3+}-Zentren umwandelt.

Ein Vergleich mit anderen empfindlichen Absorptionsmessverfahren zeigt, dass das entwickelte photoakustische Spektrometer eine hervorragende Ergänzung der bestehenden Methoden ist. So ist die „Photothermal-Common-Path Interferometry" zur Untersuchung solcher Materialien geeignet, die große thermooptische Koeffizienten besitzen; die „Laser-Induced-Deflection Technique" erreicht die höchste Empfindlichkeit für Materialien, die sowohl große thermooptische Koeffizienten als auch eine geringe thermische Leitfähigkeit aufweisen. Mit der vorgestellten photoakustischen Detektion werden die besten Nachweisempfindlichkeiten für Materialien mit großen thermischen Ausdehnungskoeffizienten erreicht. Die Kombination der Methoden erlaubt empfindliche Absorptionsmessungen an nahezu allen wichtigen optischen Materialien. Das vorgestellte photoakustische Spektrometer ermöglicht es zudem, Absorptionsspektren statt Absorptionskoeffizienten bei einzelnen Laserwellenlängen zu messen. Dies hat wesentliche Vorteile bei der Identifikation optisch aktiver Defekte oder Verunreinigungen. Hierdurch bietet das photoakustische Spektrometer tiefere Einblicke in die Eigenschaften der untersuchten optischen Materialien und folglich den Gewinn wichtiger Erkenntnisse zur fortwährenden Optimierung der Werkstoffe der Optik.

Literaturverzeichnis

[1] L. Myers and W. Bosenberg, „Periodically poled lithium niobate and quasi-phase-matched optical parametric oscillators", *IEEE Journal of Quantum Electronics* **33**, 1663 – 1672 (1997).

[2] I. Breunig, D. Haertle, and K. Buse, „Continuous-wave optical parametric oscillators: recent developments and prospects", *Appl. Phys. B: Lasers Opt.* **105**, 99 – 111 (2011).

[3] C. Langrock, E. Diamanti, R. V. Roussev, Y. Yamamoto, M. M. Fejer, and H. Takesue, „Highly efficient single-photon detection at communication wavelengths by use of upconversion in reverse-proton-exchanged periodically poled $LiNbO_3$ waveguides", *Opt. Lett.* **30**, 1725 – 1727 (2005).

[4] J. S. Pelc, Q. Zhang, C. R. Phillips, L. Yu, Y. Yamamoto, and M. M. Fejer, „Cascaded frequency upconversion for high-speed single-photon detection at 1550 nm", *Opt. Lett.* **37**, 476 – 478 (2012).

[5] T. Beckmann, H. Linnenbank, H. Steigerwald, B. Sturman, D. Haertle, K. Buse, and I. Breunig, „Highly tunable low-threshold optical parametric oscillation in radially poled whispering gallery resonators", *Phys. Rev. Lett.* **106**, 143903 (2011).

[6] P. A. Franken, G. Weinreich, C. W. Peters, and A. Hill, „Generation of optical harmonics", *Phys. Rev. Lett.* **7**, 118 – 119 (1961).

[7] R. Scharf *Nobel und die Folgen: Ausgezeichnete Physik: Der Nobelpreis und die Geschichte einer Wissenschaft*. Bückle & Böhm, 2012.

[8] D. Meschede *Optik, Licht und Laser*. B. G. Teubner Verlag, 2005.

[9] J.-P. Negel, F. Abt, D. Blázquez-Sánchez, A. Austerschulte, M. Hafner, T. Liebig, P. von Strobl-Albeg, R. Weber, M. Abdou Ahmed, A. Voss, and T. Graf, „Controlling the thermally induced focal shift in laser processing heads", *Proc. SPIE* **8239**, 823911 (2012).

[10] R. Sowade, I. Breunig, I. Cámara Mayorga, J. Kiessling, C. Tulea, V. Dierolf, and K. Buse, „Continuous-wave optical parametric terahertz source", *Opt. Express* **17**, 22303 – 22310 (2009).

[11] Y. F. Lü, X. D. Yin, J. Xia, R. G. Wang, and D. Wang, „Efficient continuous-wave intracavity frequency-doubled Nd:YAG-LBO blue laser at 473 nm under diode pumping directly into the emitting level", *Laser Physics Letters* **7**, 25 – 28 (2010).

[12] G. Anstett, G. Göritz, D. Kabs, R. Urschel, R. Wallenstein, and A. Borsutzky, „Reduction of the spectral width and beam divergence of a BBO-OPO by using collinear type-II phase matching and back reflection of the pump beam", *Appl. Phys. B: Lasers Opt.* **72**, 583 – 589 (2001).

[13] G. D. Miller, R. G. Batchko, W. M. Tulloch, D. R. Weise, M. M. Fejer, and R. L. Byer, „42%-efficient single-pass cw second-harmonic generation in periodically poled lithium niobate", *Opt. Lett.* **22**, 1834 – 1836 (1997).

[14] R. Sowade, J. Kießling, and I. Breunig, „One light source – all colors", *Optik & Photonik* **8**, 46 – 49 (2013).

[15] R. Sowade, J. Kießling, and I. Breunig, „Durchstimmbares CW-Laserlicht von Blau bis Rot: OPOs machen es jetzt möglich", *Photonik* **2/2013**, 42 – 45 (2013).

[16] C. Görling, U. Leinhos, and K. Mann, „Surface and bulk absorption in CaF_2 at 193 and 157 nm", *Opt. Commun.* **249**, 319 – 328 (2005).

[17] C. Mühlig, *Zur Absorption gepulster ArF-Laserstrahlung in hochtransparenten optischen Materialien.* PhD thesis, Friedrich-Schiller-Universität Jena, 2005.

[18] W. Hong, N. Y. Garces, M. M. Chirila, and L. E. Halliburton, „Identification of point defects responsible for laser-induced ultraviolet absorption in LiB_3O_5 (LBO) crystals", *Proc. SPIE* **4932**, 309 – 318 (2003).

[19] M. Reichling, J. Sils, H. Johansen, and E. Matthias, „Nanosecond UV laser damage and ablation from fluoride crystals polished by different techniques", *Appl. Phys. A* **69**, 743 – 747 (1999).

[20] Y. Furukawa, S. A. Markgraf, M. Sato, H. Yoshida, T. Sasaki, H. Fujita, T. Yamanaka, and S. Nakai, „Investigation of the bulk laser damage of lithium triborate, LiB_3O_5, single crystals", *Appl. Phys. Lett.* **65**, 1480 – 1482 (1994).

[21] J. Sils, *Defektenspektroskopie in hochreinem und dotierten CaF_2 für optische Anwendungen im DUV.* PhD thesis, Universität Osnabrück, 2008.

[22] P. Hartmann, R. Jedamzik, S. Reichel, and B. Schreder, „Optical glass and glass ceramic historical aspects and recent developments: a schott view", *Appl. Opt.* **49**, D157 – D176 (2010).

[23] J. R. Schwesyg, C. R. Phillips, K. Ioakeimidi, M. C. C. Kajiyama, M. Falk, D. H. Jundt, K. Buse, and M. M. Fejer, „Suppression of mid-infrared light absorption in undoped congruent lithium niobate crystals", *Opt. Lett.* **35**, 1070 – 1072 (2010).

[24] O. Humbach, H. Fabian, U. Grzesik, U. Haken, and W. Heitmann, „Analysis of OH absorption bands in synthetic silica", *J. Non-Cryst. Solids* **203**, 19 – 26 (1996).

[25] J. R. Schwesyg, M. C. C. Kajiyama, M. Falk, D. H. Jundt, K. Buse, and M. M. Fejer, „Light absorption in undoped congruent and magnesium-doped lithium niobate crystals in the visible wavelength range", *Appl. Phys. B: Lasers Opt.* **100**, 109 – 115 (2010).

[26] A. Alexandrovski, M. Fejer, A. Markosyan, and R. Route, „Photothermal common-path interferometry (PCI): new developments", in *Solid State Lasers XVIII: Technology and Devices* (W. A. Clarkson, N. Hodgson, and R. K. Shori, eds.), **7193**, Bellingham: SPIE-Int. Soc. Optical Engineering, 2009.

[27] N. Waasem, S. Fieberg, J. Hauser, G. Gomes, D. Haertle, F. Kühnemann, and K. Buse, „Photoacoustic absorption spectrometer for highly transparent dielectrics with parts-per-million sensitivity", *Rev. Sci. Instrum.* **84**, 23109 (2013).

[28] „ISO 11551:2003 Optics and optical instruments – Lasers and laser-related equipment – Test method for absorptance of optical laser components."

[29] E. Eva and K. Mann, „Calorimetric measurement of two-photon absorption and color-center formation in ultraviolet-window materials", *Appl. Phys. A* **62**, 143 – 149 (1996).

[30] B. Schäfer, J. Gloger, U. Leinhos, and K. Mann, „Photo-thermal measurement of absorptance losses, temperature induced wavefront deformation and compaction in DUV-optics", *Opt. Express* **17**, 23025 – 23036 (2009).

[31] C. Mühlig, W. Triebel, S. Kufert, and S. Bublitz, „Characterization of low losses in optical thin films and materials", *Appl. Opt.* **47**, C135 – C142 (2008).

[32] A. G. Bell, „On the production and reproduction of sound by light", *Am. J. Sci.* **20**, 305 – 324 (1880).

[33] H. M. Lai and K. Young, „Theory of the pulsed optoacoustic technique", *J. Acoust. Soc. Am.* **72**, 2000 – 2007 (1982).

[34] A. C. Tam, „Applications of photoacoustic sensing techniques", *Rev. Mod. Phys.* **58**, 381 – 431 (1986).

[35] S. Velsko, M. Webb, L. Davis, and C. Huang, „Phase-matched harmonic generation in lithium triborate (LBO)", *IEEE Journal of Quantum Electronics* **27**, 2182 – 2192 (1991).

[36] M. Sparks and L. J. Sham, „Theory of multiphonon absorption in insulating crystals", *Phys. Rev. B* **8**, 3037 – 3048 (1973).

[37] M. Bass, ed. *Handbook of optics – fundamentals, techniques, & design*, **I**. McGraw Hill, 1995.

[38] D. Meschede, ed. *Gerthsen Physik*, **21**. Springer Berlin Heidelberg, 2001.

[39] I. P. Kaminow and W. D. Johnston, „Quantitative determination of sources of the electro-optic effect in $LiNbO_3$ and $LiTaO_3$", *Phys. Rev.* **160**, 519 – 522 (1967).

[40] V. S. Ilchenko, A. A. Savchenkov, A. B. Matsko, and L. Maleki, „Nonlinear optics and crystalline whispering gallery mode cavities", *Phys. Rev. Lett.* **92**, 043903 (2004).

[41] A. A. Savchenkov, V. S. Ilchenko, A. B. Matsko, and L. Maleki, „Kilohertz optical resonances in dielectric crystal cavities", *Phys. Rev. A* **70**, 51804 (2004).

[42] R. J. O'Brien, G. J. Rosasco, and A. Weber, „Brillouin scattering in lithium niobate", in *Light Scattering Spectra of Solids* (G. B. Wright, ed.), 623 – 630, Berlin, Heidelberg: Springer Berlin Heidelberg, 1969.

[43] K. K. Wong, ed. *Properties of lithium niobate.* The Institution of Electrical Engineers, 2002.

[44] M. E. Innocenzi, R. T. Swimm, M. Bass, R. H. French, A. B. Villaverde, and M. R. Kokta, „Room-temperature optical absorption in undoped αAl_2O_3", *J. Appl. Phys.* **67**, 7542 – 7546 (1990).

[45] M. Bass, ed. *Handbook of optics – devices, measurements, & properties*, **II**. McGraw Hill, 1995.

[46] E. D. Palik, ed. *Handbook of optical constants of solids: index.* Academic press, 1998.

[47] *Comments on condensed matter physics*, **13**. Gordon & Breach, 1987.

[48] L. Kovács, G. Ruschhaupt, K. Polgar, G. Corradi, and M. Wohlecke, „Composition dependence of the ultraviolet absorption edge in lithium niobate", *Appl. Phys. Lett.* **70**, 2801 – 2803 (1997).

[49] H. Imai, K. Arai, H. Imagawa, H. Hosono, and Y. Abe, „Two types of oxygen-deficient centers in synthetic silica glass", *Phys. Rev. B* **38**, 12772 – 12775 (1988).

[50] M. Lax, „The Franck-Condon principle and its application to crystals", *J. Chem. Phys.* **20**, 1752 – 1760 (1952).

[51] D. Maxein and K. Buse, „Interaction of femtosecond laser pulses with lithium niobate crystals: transmission changes and refractive index modulations", *J. Holography and Speckle* **5**, 275 – 279 (2009).

[52] M. Furst and H. Kallmann, „Fluorescence, phosphorescence, and photostimulation of NaCl(AgCl) with high-energy irradiation", *Phys. Rev.* **91**, 1356 – 1367 (1953).

[53] H. Kurz, E. Krätzig, W. Keune, H. Engelmann, U. Gonser, B. Dischler, and A. Räuber, „Photorefractive centers in $LiNbO_3$, studied by optical-, Mössbauer- and EPR-methods", *Appl. Phys.* **12**, 355 – 368 (1977).

[54] F. Lüdtke, N. Waasem, K. Buse, and B. Sturman, „Light-induced charge-transport in undoped $LiNbO_3$ crystals", *Appl. Phys. B: Lasers Opt.* **105**, 35 – 50 (2011).

[55] J. R. Schwesyg, *Interaction of light with impurities in lithium niobate crystals*. PhD thesis, Rheinischen Friedrich-Wilhelms-Universität Bonn, 2011.

[56] L. Liu, C. Liu, X. Wang, Z. Hu, R. Li, and C. Chen, „Impact of Fe^{3+} on UV absorption of $K_2Al_2B_2O_7$ crystals", *Solid State Sci.* **11**, 841 – 844 (2009).

[57] J. Yu, L. Liu, N. Zhai, X. Zhang, G. Wang, X. Wang, and C. Chen, „Crystal growth and optical properties of $YAl_3(BO_3)_4$ for UV applications", *J. Cryst. Growth* **341**, 61 – 65 (2012).

[58] P. P. Feofilov, „Absorption and luminescence spectra of the Ce^{+++} ions", *Optika i Spektroskopia* **6**, 150 – 151 (1959).

[59] M. Kösters, B. Sturman, P. Werheit, D. Haertle, and K. Buse, „Optical cleaning of congruent lithium niobate crystals", *Nat. Photonics* **3**, 510 – 513 (2009).

[60] M. Falk, T. Woike, and K. Buse, „Reduction of optical damage in lithium niobate crystals by thermo-electric oxidization", *Appl. Phys. Lett.* **90**, 251912 (2007).

[61] M. Wöhlecke and L. Kovács, „OH^- ions in Oxide Crystals", *Crit. Rev. Solid State Mater. Sci.* **26**, 1 – 86 (2001).

[62] A. Gröne and S. Kapphan, „Higher vibrational states of OH/OD in the bulk of congruent $LiNbO_3$ and in proton/deuteron exchanged layers at the surface of $LiNbO_3$", *J. Phys.: Condens. Matter* **7**, 629 – 634 (1995).

[63] A. Förster, S. Kapphan, and M. Wöhlecke, „Overtone spectroscopy of the OH and OD stretch modes in $LiNbO_3$", *Phys. stat. solid B* **143**, 755 – 764 (1987).

[64] R. DeSalvo, A. Said, D. Hagan, E. Van Stryland, and M. Sheik-Bahae, „Infrared to ultraviolet measurements of two-photon absorption and n_2 in wide bandgap solids", *IEEE Journal of Quantum Electronics* **32**, 1324 – 1333 (1996).

[65] X. Mu and Y. J. Ding, „Investigation of one of the most fundamental limits to parametric processes: two-photon absorption", *Opt. Commun.* **242**, 305 – 312 (2004).

[66] O. Beyer, D. Maxein, K. Buse, B. Sturman, H. T. Hsieh, and D. Psaltis, „Investigation of nonlinear absorption processes with femtosecond light pulses in lithium niobate crystals", *Phys. Rev. E* **71**, 56603 (2005).

[67] R. Baltramiejunas, V. Gavryushin, G. Raciukaitis, V. Kubertavicus, and A. Kazlauskas, „Two-photon absorption via deep local levels as virtual intermediate states in semiconductors", *phys. stat. solidi B* **151**, 721 – 731 (1989).

[68] C. K. N. Patel and A. C. Tam, „Pulsed optoacoustic spectroscopy of condensed matter", *Rev. Mod. Phys.* **53**, 517 – 550 (1981).

[69] M. Viegerov, „Eine Methode der Gasanalyse, beruhend auf der optisch-akustischen Tyndall-Röntgenerscheinung", *Dokl. Akad. Nauk SSSR* **19**, 687 – 688 (1938).

[70] K. F. Luft, „Über eine neue Methode der registrierenden Gasanalyse mit Hilfe der Absorption ultravioleter Strahlen ohne spektrale Zerlegung", *Z. Tech. Phys.* **5**, 97 – 104 (1943).

[71] A. Elia, P. M. Lugarà , C. Di Franco, and V. Spagnolo, „Photoacoustic techniques for trace gas sensing based on semiconductor laser sources", *Sensors* **9**, 9616 – 9628 (2009).

[72] „Moffett Studio / Library and Archives Canada / C-017335."

[73] E. L. Kerr and J. G. Atwood, „The laser illuminated absorptivity spectrophone: a method for measurement of weak absorptivity in gases at laser wavelengths", *Appl. Opt.* **7**, 915 – 921 (1968).

[74] L. B. Kreuzer, „Ultralow gas concentration infrared absorption spectroscopy", *J. Appl. Phys.* **42**, 2934 – 2943 (1971).

[75] A. Miklós, P. Hess, and Z. Bozóki, „Application of acoustic resonators in photoacoustic trace gas analysis and metrology", *Rev. Sci. Instrum.* **72**, 1937 – 1955 (2001).

[76] P. Beard, „Biomedical photoacoustic imaging", *Interface Focus* **1**, 602 – 631 (2011).

[77] L. V. Wang, „Multiscale photoacoustic microscopy and computed tomography", *Nat. Photonics* **3**, 503 – 509 (2009).

[78] M. Xu and L. V. Wang, „Photoacoustic imaging in biomedicine", *Rev. Sci. Instrum.* **77**, 41101 (2006).

[79] *DEGA-Empfehlung 101: Akustische Wellen und Felder*. Deutsche Gesellschaft für Akustik e.V., 2006.

[80] R. E. Lee and R. M. White, „Excitation of surface elastic waves by transient surface heating", *Appl. Phys. Lett.* **12**, 12 – 14 (1968).

[81] H. Lamb, „On waves in an elastic plate", *Proc. R. Soc. Lond. A* **93**, 114 – 128 (1917).

[82] B. D. Zaitsev, S. G. Joshi, and I. E. Kuznetsova, „Investigation of quasi-shear-horizontal acoustic waves in thin plates of lithium niobate", *Smart Mater. Struct.* **6**, 739 – 744 (1997).

[83] I. Kuznetsova, B. Zaitsev, S. Joshi, and I. Borodina, „Investigation of acoustic waves in thin plates of lithium niobate and lithium tantalate", *IEEE Transactions on Ultrasonics, Ferroelectrics and Frequency Control* **48**, 322 – 328 (2001).

[84] S. G. Joshi and Y. Jin, „Propagation of ultrasonic Lamb waves in piezoelectric plates", *J. Appl. Phys.* **70**, 4113 – 4120 (1991).

[85] C. H. Yang and M. F. Huang, „Measurement and modelling for the dispersion relations of acoustic waves propagating in a free piezoelectric plate", *Journal of Mechanics* **19**, 311 – 318 (2003).

[86] J.-M. Heritier, „Electrostrictive limit and focusing effects in pulsed photoacoustic detection", *Opt. Commun.* **44**, 267 – 272 (1983).

[87] R. S. Weis and T. K. Gaylord, „Lithium niobate: summary of physical properties and crystal structure", *Appl. Phys. A* **37**, 191 – 203 (1985).

[88] K. Buse, „Light-induced charge transport processes in photorefractive crystals I: models and experimental methods", *Appl. Phys. B: Lasers Opt.* **64**, 273 – 291 (1997).

[89] K. Buse, „Light-induced charge transport processes in photorefractive crystals II: materials", *Appl. Phys. B: Lasers Opt.* **64**, 391 – 407 (1997).

[90] J. Carnicero, O. Caballero, M. Carrascosa, and J. Cabrera, „Superlinear photovoltaic currents in $LiNbO_3$: analyses under the two-center model", *Appl. Phys. B: Lasers Opt.* **79**, 351 – 358 (2004).

[91] B. I. Sturman and V. M. Fridkine *The Photovoltaic and Photorefractive Effects in Noncentrosymmetric Materials.* Gordon and Breach Science Publishers, 1992.

[92] C. Mühlig, S. Bublitz, and W. Paa, „Laser induced deflection (LID) method for absolute absorption measurements of optical materials and thin films", *Proc. SPIE* **8082**, 808225 (2011).

[93] B. Schäfer, M. Schöneck, A. Bayer, and K. Mann, „Absolute measurement of surface and bulk absorption in DUV optics from temperature induced wavefront deformation", *Opt. Express* **18**, 21534 – 21539 (2010).

[94] S. E. Bialkowski *Photothermal Spectroscopy Methods for Chemical Analysis.* John Wiley & Sons, Inc., 1996.

[95] D. Fournier, A. Boccara, and J. Sell, eds. *Photothermal investigation of solids and fluids*. Academic Press, New York, 1989.

[96] A. Markosyan *Private Communication*. 2013.

[97] M. Kahn, „Acoustic and elastic properties of PZT ceramics with anisotropic pores", *J. Am. Ceram. Soc.* **68**, 623 – 628 (1985).

[98] A. Khelif, P. Deymier, B. Djafari-Rouhani, J. Vasseur, and L. Dobrzynski, „Two-dimensional phononic crystal with tunable narrow pass band: application to a waveguide with selective frequency", *J. Appl. Phys.* **94**, 1308 – 1311 (2003).

[99] B. Sullivan and A. C. Tam, „Profile of laser-produced acoustic pulse in a liquid", *J. Acoust. Soc. Am.* **75**, 437 – 441 (1984).

[100] V. G. Dmitriev, G. G. Gurzadyan, and D. N. Nikogosyan *Handbook of nonlinear optical crystals*. Springer-Verlag, 1991.

[101] V. V. Grabovskii, K. V. Mai, V. I. Prokhorenko, I. V. Fekeshgazi, and D. Y. Yatskiv, „Measurement of two-photon absorption factors by nonlinear transmission", *J. Appl. Spectrosc.* **63**, 491 – 496 (1996).

[102] L. Arizmendi, „Photonic applications of lithium niobate crystals", *Phys. stat. solid A* **201**, 253 – 283 (2004).

[103] J. S. Pelc, G.-L. Shentu, Q. Zhang, M. M. Fejer, and J.-W. Pan, „Up-conversion of optical signals with multi-longitudinal-mode pump lasers", *Phys. Rev. A* **86**, 33827 (2012).

[104] D. Psaltis and F. Mok, „Holographic memories", *Sci. Am.* **273**, 70 – 76 (1995).

[105] J. Feinberg, „Self-pumped, continuous-wave phase conjugator using internal reflection", *Opt. Lett.* **7**, 486 – 488 (1982).

[106] M. Carrascosa, „Photorefractive phase conjugation of an image field: fidelity analysis", *Opt. Commun.* **91**, 481 – 488 (1992).

[107] K. Aoki, J. Kondo, A. Kondo, T. Mori, Y. Mizuno, S. Shimodaira, M. Imaeda, Y. Kozuka, O. Mitomi, and M. Minakata, „High-performance optical modulator with a wide center electrode and thin x-cut $LiNbO_3$ substrate", *IEEE Photonic. Tech. L.* **16**, 2610 – 2612 (2004).

[108] A. M. Glass, „The photorefractive effect", *Opt. Eng.* **17**, 470 – 479 (1978).

[109] N. Kukhtarev, V. Markov, S. Odulov, M. Soskin, and V. Vinetskii, „Holographic storage in electrooptic crystals: 1. steady-state", *Ferroelectrics* **22**, 949 – 960 (1979).

[110] R. Müller, M. T. Santos, L. Arizmendi, and J. M. Cabrera, „A narrow-band interference filter with photorefractive $LiNbO_3$", *J. Phys. D: Appl. Phys.* **27**, 241 – 246 (1994).

[111] S. Breer and K. Buse, „Wavelength demultiplexing with volume phase holograms in photorefractive lithium niobate", *Appl. Phys. B: Lasers Opt.* **66**, 339 – 345 (1998).

[112] A. Ashkin, G. D. Boyd, J. M. Dziedic, R. G. Smith, A. A. Ballman, J. J. Levinstein, and K. Nassau, „Optically induced refractive index inhomogeneities in $LiNbO_3$ and $LiTaO_3$", *Appl. Phys. Lett.* **9**, 72 – 74 (1966).

[113] J. Johnston, „Optical index damage in $LiNbO_3$ and other pyroelectric insulators", *J. Appl. Phys.* **41**, 3279 – 3285 (1970).

[114] M. Carrascosa, J. Villarroel, J. Carnicero, A. García-Cabañes, and J. M. Cabrera, „Understanding light intensity thresholds for catastrophic optical damage in $LiNbO_3$", *Opt. Express* **16**, 115 – 120 (2008).

[115] F. Lüdtke, J. Villarroel, A. García-Cabañes, K. Buse, and M. Carrascosa, „Correlation between photorefractive index changes and optical damage thresholds in z-cut proton-exchanged-$LiNbO_3$ waveguides", *Opt. Express* **17**, 658 – 665 (2009).

[116] S. M. Kostritskii, O. G. Sevostyanov, M. Aillerie, and P. Bourson, „Suppression of photorefractive damage with aid of steady-state temperature gradient in nominally pure $LiNbO_3$ crystals", *J. Appl. Phys.* **104**, 114104 (2008).

[117] E. E. Robertson, R. W. Eason, Y. Yokoo, and P. J. Chandler, „Photorefractive damage removal in annealed-proton-exchanged $LiNbO_3$ channel waveguides", *Appl. Phys. Lett.* **70**, 2094 – 2096 (1997).

[118] D. A. Bryan, R. Gerson, and H. E. Tomaschke, „Increased optical damage resistance in lithium niobate", *Appl. Phys. Lett.* **44**, 847 – 849 (1984).

[119] Y. Furukawa, K. Kitamura, A. Alexandrovski, R. K. Route, M. M. Fejer, and G. Foulon, „Green-induced infrared absorption in MgO-doped $LiNbO_3$", *Appl. Phys. Lett.* **78**, 1970 – 1972 (2001).

[120] B. C. Grabmaier, W. Wersing, and W. Koestler, „Properties of undoped and MgO-doped $LiNbO_3$ correlation to the defect structure", *J. Cryst. Growth* **110**, 339 – 347 (1991).

[121] F. Lüdtke, K. Buse, and B. Sturman, „Hidden reservoir of photoactive electrons in $LiNbO_3$ crystals", *Phys. Rev. Lett.* **109**, 26603 (2012).

[122] D. N. Nikogosyan, „Lithium triborate (LBO)", *Appl. Phys. B: Lasers Opt.* **58**, 181 – 190 (1994).

[123] S. Weiler, A. Hangst, C. Stolzenburg, I. Zawischa, D. Sutter, A. Killi, S. Kalfhues, U. Kriegshaeuser, M. Holzer, and D. Havrilla, „Frequency doubled high-power disk lasers in pulsed and continuous-wave operation", *Proc. SPIE* **8239**, 823907 (2012).

[124] M. Jurna, J. Korterik, H. Offerhaus, and C. Otto, „Noncritical phase-matched lithium triborate optical parametric oscillator for high resolution coherent anti-Stokes Raman scattering spectroscopy and microscopy", *Appl. Phys. Lett.* **89**, 251116 (2006).

[125] D. N. Nikogosian *Nonlinear optical crystals: a complete survey*. Springer, 2005.

[126] H. Kouta, S. Imoto, and Y. Kuwano, „β-BaB_2O_4 single crystal growth by Czochralski method using α-BaB_2O_4 and β-BaB_2O_4 single crystals as starting material", *J. Cryst. Growth* **128**, 938 – 944 (1993).

[127] D. Eimerl, L. Davis, S. Velsko, E. K. Graham, and A. Zalkin, „Optical, mechanical, and thermal properties of barium borate", *J. Appl. Phys.* **62**, 1968 – 1983 (1987).

[128] Y. X. Fan, R. C. Eckardt, R. L. Byer, C. Chen, and A. D. Jiang, „Barium borate optical parametric oscillator", *IEEE J. Quantum Electron.* **25**, 1196 – 1199 (1989).

[129] P. P. Fedorov, A. E. Kokh, and N. G. Kononova, „Barium borate β-BaB_2O_4 as a material for nonlinear optics", *Russ. Chem. Rev.* **71**, 651 – 671 (2002).

[130] T. Sasaki, Y. Mori, M. Yoshimura, Y. K. Yap, and T. Kamimura, „Recent development of nonlinear optical borate crystals: key materials for generation of visible and UV light", *Materials Science and Engineering: R: Reports* **30**, 1 – 54 (2000).

[131] N. Senguttuvan, M. Aoshima, K. Sumiya, and H. Ishibashi, „Oriented growth of large size calcium fluoride single crystals for optical lithography", *J. Cryst. Growth* **280**, 462 – 466 (2005).

[132] B. C. Stuart, M. D. Feit, A. M. Rubenchik, B. W. Shore, and M. D. Perry, „Laser-induced damage in dielectrics with nanosecond to subpicosecond pulses", *Phys. Rev. Lett.* **74**, 2248 – 2251 (1995).

[133] *Calcium Fluoride (CaF_2) physical & chemical properties*. Corning – specifications, 2003.

[134] A. Y. Dergachev, S. B. Mirov, W. A. Sibley, L. Esterowitz, V. B. Sigachev, and A. G. Papashvili, „Investigation of luminescent properties of Sc:CaF_2 and Sc,Ce:CaF_2 crystals as promising new media for UV tunable solid state lasers", in *Advanced Solid State Lasers*, SM6, 1996.

[135] W. J. Manthey, „Crystal field and site symmetry of trivalent cerium ions in CaF_2: the C_{4v} and C_{3v} centers with interstitial-fluoride charge compensator“, *Phys. Rev. B* **8**, 4086 – 4098 (1973).

[136] M. Raukas, S. A. Basun, W. v. Schaik, W. M. Yen, and U. Happek, „Luminescence efficiency of cerium doped insulators: the role of electron transfer processes“, *Appl. Phys. Lett.* **69**, 3300 – 3302 (1996).

[137] P. R. Bevington and D. K. Robinson *Data reduction and error analysis for the physical sciences.* McGraw-Hill, 2003.

[138] S. Brueck, H. Kildal, and L. Belanger, „Photo-acoustic and photo-refractive detection of small absorptions in liquids“, *Opt. Commun.* **34**, 199 – 204 (1980).

[139] O. F. Schirmer, O. Thiemann, and M. Wöhlecke, „Defects in $LiNbO_3$ I: experimental aspects“, *J. Phys. Chem. Solids* **52**, 185 – 200 (1991).

[140] C. Merschjann, B. Schoke, D. Conradi, M. Imlau, G. Corradi, and K. Polgar, „Absorption cross sections and number densities of electron and hole polarons in congruently melting $LiNbO_3$“, *J. Phys.: Condens. Matter* **21**, 15906 (2009).

[141] C. Mühlig, „Direct and absolute absorption measurements in optical materials and coatings by laser induced deflection (LID) technique“, *Proc. SPIE* **8206**, 820611 (2011).

[142] R. Gaume, Y. He, A. Markosyan, and R. L. Byer, „Effect of si-induced defects on 1 µm absorption losses in laser-grade YAG ceramics“, *J. Appl. Phys.* **111**, 93104 (2012).

[143] N. Waasem, A. Markosyan, M. M. Fejer, and K. Buse, „Green-induced blue absorption in MgO-doped lithium niobate crystals“, *Opt. Lett.* **38**, 2953 – 2956 (2013).

[144] A. S. Markosyan, R. Route, M. M. Fejer, D. Patel, and C. Menoni, „Study of spontaneous and induced absorption in amorphous Ta_2O_5 and SiO_2 dielectric thin films“, *J. Appl. Phys.* **113**, 133104 (2013).

[145] P. A. Arsenev and B. A. Baranov, „Properties of the ions of the iron transition group in the lattice of single-crystalline lithium niobate“, *Phys. stat. solid A* **9**, 673 – 677 (1972).

[146] W. Bollmann, „Absorption of $LiNbO_3$ crystals containing iron“, *Kristall und Technik* **15**, K13 – K16 (1980).

[147] L. Kovács, Wöhlecke, A. Jovanovic, K. Polgar, and S. Kapphan, „Infrared absorption study of the OH vibrational band in $LiNbO_3$ crystals“, *J. Phys. Chem. Solids* **52**, 797 – 803 (1991).

[148] L. Kovás, K. Lengyel, and V. Szalay, „Combination transitions due to stretching and librations of OH^- ions in $LiNbO_3$", *Opt. Lett.* **36**, 3714 – 3716 (2011).

[149] L. Kovács, K. Polgar, R. Capelletti, and C. Mora, „Diffusion of hydrogen isotopes in pure and Mg-doped $LiNbO_3$ crystals", *Phys. stat. solid A* **120**, 97 – 104 (1990).

[150] P. Herth, T. Granzow, D. Schaniel, T. Woike, M. Imlau, and E. Kratzig, „Evidence for light-induced hole polarons in $LiNbO_3$", *Phys. Rev. Lett.* **95**, 67404 (2005).

[151] S. Basun, D. Evans, T. Bunning, S. Guha, J. O. Barnes, G. Cook, and R. S. Meltzer, „Optical absorption spectroscopy of Fe^{2+} and Fe^{3+} ions in $LiNbO_3$", *J. Appl. Phys.* **92**, 7051 – 7055 (2002).

[152] O. F. Schirmer, M. Imlau, C. Merschjann, and B. Schoke, „Electron small polarons and bipolarons in $LiNbO_3$", *J. Phys.: Condens. Matter* **21**, 123201 (2009).

[153] Z. Shuqing, H. Chaoen, and Z. Hongwu, „Crystal growth and properties of lithium triborate", *J. Cryst. Growth* **99**, 805 – 810 (1990).

[154] M. P. Scripsick, X. H. Fang, G. J. Edwards, L. E. Halliburton, and J. K. Tyminski, „Point defects in lithium triborate (LiB_3O_5) crystals", *J. Appl. Phys.* **73**, 1114 – 1118 (1993).

[155] I. N. Ogorodnikov, A. V. Porotnikov, S. V. Kudyakov, A. V. Kruzhalov, and V. Y. Yakovlev, „Stable and metastable optical absorption of LiB_3O_5 nonlinear crystals", *Phys. Solid State* **39**, 1366 – 1368 (1997).

[156] I. N. Ogorodnikov, V. Y. Yakovlev, and L. I. Isaenko, „Transient optical absorption and luminescence of lithium triborate LiB_3O_5", *Phys. Solid State* **45**, 845 – 853 (2003).

[157] L. Johnson, „Continuous operation of the CaF_2: Dy^{2+} optical maser", *Proc. of the Institute of Radio Engineers* **50**, 1691 – 1692 (1962).

[158] G. J. Pogatshnik and D. S. Hamilton, „Excited-state photoionization of Ce^{3+} ions in Ce^{3+}:CaF_2", *Phys. Rev. B* **36**, 8251 – 8257 (1987).

[159] D. H. Jundt, M. Fejer, and R. Byer, „Optical properties of lithium-rich lithium niobate fabricated by vapor transport equilibration", *IEEE Journal of Quantum Electronics* **26**, 135 – 138 (1990).

[160] D. Rytz, A. Gross, S. Vernay, and V. Wesemann, „$YAl_3(BO_3)_4$: a novel NLO crystal for frequency conversion to UV wavelengths", *Proc. SPIE* **6998**, 699814 (2008).

[161] X. Yu, Y. Yue, J. Yao, and Z.-g. Hu, „$YAl_3(BO_3)_4$: crystal growth and characterization", *J. Cryst. Growth* **312**, 3029 – 3033 (2010).

[162] T. Volk, M. Wöhlecke, N. Rubinina, A. Reichert, and N. Razumovski, „Optical-damage-resistant impurities (Mg, Zn, In, Sc) in lithium niobate", *Ferroelectrics* **183**, 291 – 300 (1996).

Eigene Veröffentlichungen

- N. Waasem, A. Markosyan, M. M. Fejer, and K. Buse, „Green-induced blue absorption in MgO-doped lithium niobate crystals", *Opt. Lett.* **38**, 2953 – 2956 (2013).
- N. Waasem, S. Fieberg, J. Hauser, G. Gomes, D. Haertle, F. Kühnemann, and K. Buse, „Photoacoustic absorption spectrometer for highly transparent dielectrics with parts-per-million sensitivity", *Rev. Sci. Instrum.* **84**, 23109 (2013).
- F. Lüdtke, N. Waasem, K. Buse, and B. Sturman, „Light-induced charge-transport in undoped $LiNbO_3$ crystals", *Appl. Phys. B* **105**, 35 – 50 (2011).
- N. Waasem, K. Buse, and F. Kühnemann, „High-sensitivity photoacoustic absorption spectroscopy of nonlinear optical materials ", *Proc. SPIE* **8621**, 862109 (2013).
- N. Waasem, S. Fieberg, D. Haertle, F. Kühnemann, and K. Buse, „Photoacoustic detection of weak absorption in lithium niobate", *CLEO/Europe and EQEC 2011 Conference Digest*, CE_P22 (2011).

Danksagung

Mein besonderer Dank gilt meinem Doktorvater Karsten Buse, der diese Arbeit ermöglicht und dabei stets für hervorragende Rahmenbedingungen gesorgt hat. Ich bin sehr froh, dass ich in seiner Arbeitsgruppe promovieren durfte. Die Gründe hierfür sind vielfältig: Hierzu gehören die gute Atmosphäre, sein wissenschaftlicher Rat und seine Unterstützung bei den Publikationen, die Auslandsaufenthalte in Madrid und Stanford, die Karsten Buse mir ermöglicht hat, sein Vertrauen in mein Projekt, seine Verlässlichkeit und konstruktive Art im Allgemeinen. Danke für die fortwährende Unterstützung!

Frank Kühnemann hat dafür gesorgt, dass während meiner Promotion die wissenschaftlichen Fragestellungen nie ausgingen. Viele Ergebnisse sind experimentell gefundene Antworten auf seine antreibenden Fragen. Danke dafür, sowie für die zahlreichen guten Ratschläge und für die angenehme Arbeitsatmosphäre. Ich bin sehr froh, ein Teil deiner Gruppe TOM zu sein!

Ich möchte mich bei Prof. Schwarz für die Bereitschaft bedanken, das Zweitgutachten zu dieser Arbeit anzufertigen. Außerdem danke ich Frau Prof. Wallrabe und Herrn Prof. Reindl für die Zusage, den Bei- bzw. Vorsitz für die Disputation zu übernehmen.

Der Fraunhofer Gesellschaft, der DFG, sowie der deutschen Telekom AG danke ich für Bereitstellung der Forschungsmittel, dem DAAD für die Auslandsstipendien und der BCGS für die großzügige finanzielle Unterstützung während meiner Zeit in Bonn. Ich danke dem physikalischen Institut der Universität Bonn für die guten Arbeitsbedingungen zu Beginn meiner Promotion und dem Institut für Mikrosystemtechnik der Universität Freiburg für die Aufnahme als Doktorrand.

Ein großer Dank gilt Armin Lambrecht, sowie der gesamten Abteilung Gas- und Prozesstechnologie und vielen weiteren Kollegeninnen und Kollegen am Fraunhofer IPM für die sehr freundliche Aufnahme in Freiburg und für den wunderbaren Arbeitsplatz. Außerdem danke ich Raja Bernard, sowie Birgit Hundrieser, Melanie Baumann, Wilfried Cyok und Helmut Reiter dafür, dass sie mir viel Arbeit abgenommen und unbürokratisch stets den Weg frei geräumt haben. Ich danke Akos Hoffmann für die technische Unterstützung in Bonn und für die Hilfe beim Umzug des Photoakustik-Labors nach Freiburg.

Im Frühjahr 2012 durfte ich für drei Monate im Rahmen eines Aufenthalts am Ginzton-Laboratory der Universität Stanford das amerikanische Wissenschaftssystem und Kalifornien kennenlernen. Ich danke Martin Fejer für die Aufnahme in seine Arbeitsgruppe. Während des Aufenthalts habe ich viel Zeit mit Ashot Markosyan verbracht und dabei sehr viel über Optik und Physik, aber auch über Geschichte, Politik und Religion gelernt. Von der gesamten Gruppe wurde ich sehr freundlich aufgenommen, speziell seien Carsten Langrock, Jason Pelc und Roger Route erwähnt. Ich danke außerdem Martin Fejer, Ashot Markosyan und Karsten Buse für die Unterstützung bei der Publikation der in Stanford gewonnenen Ergebnisse.

Während der Arbeit am photoakustischen Spektrometer hatte ich das Glück, gemeinsam mit Stephan Fieberg, Gregory Gomes, Abdullah Al-Najjar, Mohana Manohara, Janosch Hauser, Daniel Haertle, Boris Sturman und Frank Kühnemann Zeit im Labor oder am Whiteboard verbringen zu dürfen. Ihr alle habt einen Teil des photoakustischen Spektrometers geprägt, Software entwickelt oder mit mir an der theoretischen Beschreibung gebastelt. Es hat mir sehr viel Freude bereitet, mit euch zu arbeiten und mit euch Zeit - privat und beruflich - zu teilen. Ihr habt das Projekt lebendig gemacht!

Allgemein hatte ich das große Glück, stets in einem wunderbaren und konstruktiven Umfeld arbeiten zu dürfen. Der ehemaligen Bonner Hertz AG sowie vielen weiteren Kollegen und Freunden am Fraunhofer IPM und am Lehrstuhl für optische Systeme danke ich dafür. Mit euch habe ich viele spannende Fragen diskutiert, mir bei euch Ratschläge geholt oder Geräte geliehen und währenddessen viel Freude gehabt. Speziell sei das legendäre Bonner Eckbüro und das neue IPM-Büro erwähnt, in denen ich zusammen mit Bastian Knabe, Carsten Becher, Dominik Maxein, Fabian Lüdtke, Hendrik Steigerwald, Jens Kießling, Michael Kösters und Stephan Fieberg viel gute und unterhaltsame Zeit erlebt habe und erlebe. Ein großer Dank gilt außerdem Tobias Beckmann für erste Korrekturen der Arbeit und für viele gute Tipps beim Zusammenschreiben.

Ganz besonderer Dank gilt Carsten Becher und Fabian Lüdtke, sowie meiner Band, Jan-Philipp, Franziska, René und Christoph, und auch Kathrin, Mariya und Alma. Ihr habt ihr mir stets Kraft gegeben und viele schöne Momente mit mir geteilt. Danke für die gute Zeit! Ihr seid mir sehr wichtig!

Der größte Dank gebührt meiner Familie: Meinen Eltern, Albert und Uta, und Geschwistern, Anne und Lukas, sowie Großeltern, Fritz, Anni, Johanna und Josef, und auch meinen Paten, Fritz und Christa. Von meiner Kindheit an habt ihr mir immer eine sichere Basis gegeben und versucht alle meine Fragen so gut es ging zu beantworten, auch wenn das oft nicht so einfach war. Ihr habt mir viel gezeigt, mich viele Dinge einfach ausprobieren lassen, mein Musizieren ertragen, mich so sein gelassen, wie ich bin, und mich dabei vor allem immer unterstützt. Ihr seid meine Heimat und werdet es immer bleiben!

Meine Freundin, Anna, hat mir im letzten Jahr meiner Promotion sehr viel Kraft und Ausgleich gegeben. Mit dir habe ich viele schöne Momente geteilt, du hast mich dabei oft zum Lachen gebracht und mit mir gelacht. Danke, dass du da bist!